Jatropha curcas

le meilleur des biocarburants

Mode d'emploi, histoire et avenir d'une plante extraordinaire

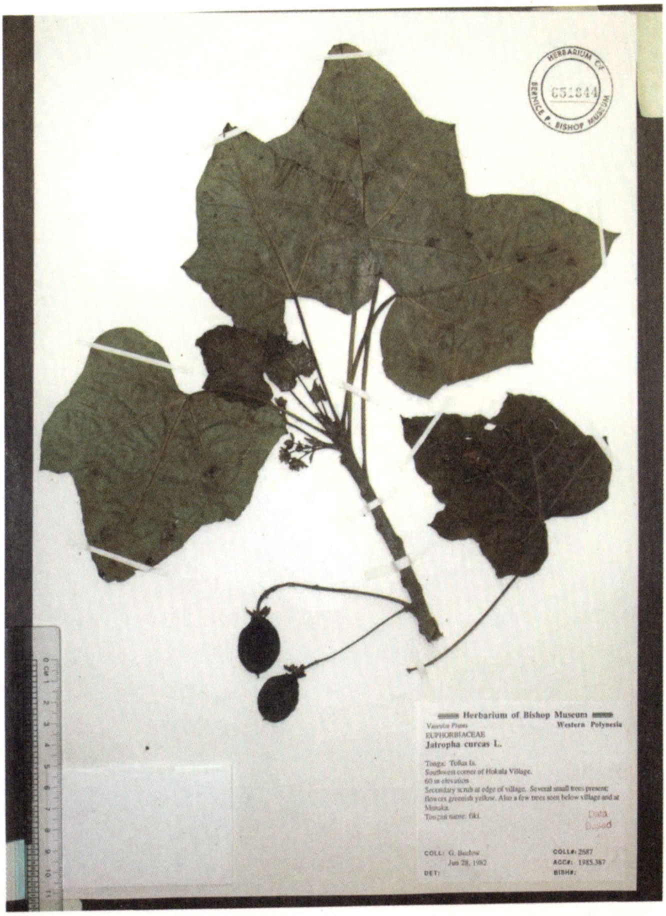

Avertissement et remerciements

À notre connaissance, il n'existe aucun livre «public» sur Jatropha curcas. *La littérature se résume à quelques dizaines d'articles scientifiques difficiles d'accès et publiés de manière confidentielle. Depuis quelques années, on trouve un bon nombre de sites Internet qui mentionnent* Jatropha *pour ses promesses en matière de carburant renouvelable non polluant, mais la quantité et la valeur des données ne sont pas proportionnelles au nombre de sites.*

Le site Internet de Reinhard Henning (www.jatropha.de) est un de ceux qui font exception. Reinhard Henning est un pionnier de Jatropha curcas. *Depuis 1994, il a travaillé sur cette plante, tant en Afrique qu'en Amérique centrale, ce qui fait de lui un des meilleurs connaisseurs européens de* Jatropha.

Il nous a généreusement fait profiter tant de son expérience que des photos qu'il a prises depuis une dizaine d'années. Qu'il en soit chaleureusement remercié.

Éditions Favre SA
Siège social
29, rue de Bourg – CH-1002 Lausanne
Tél. : 021/312 17 17 – Fax : 021/320 50 59
lausanne@editionsfavre.com

Bureau de Paris
12, rue Duguay-Trouin – F-75006 Paris
Tél & Fax : 01 42 22 01 90
paris@editionsfavre.com

Dépôt légal en Suisse en février 2007

Couverture et mise en pages : EdiPlus sàrl
Photo p. 1, www.hear.org. : *Jatropha curcas* dans l'Herbarium du Musée Bishop, île de Tonga.

ISBN : 978-2-8289-0942-0

Jean-Daniel Pellet & Elsa Pellet

Jatropha curcas
le meilleur des biocarburants

Mode d'emploi, histoire et avenir d'une plante extraordinaire

FAVRE

Préface

Avec la crise du pétrole liée aux problèmes politiques, comme la guerre en Irak et les tensions croissantes avec l'Iran, et surtout avec la diminution drastique des énergies fossiles, les biocarburants ont le vent en poupe. Ils sont issus de différentes plantes et sont renouvelables, au contraire des énergies fossiles dont les réserves sont en train de s'épuiser.

Les politiciens, sous la pression de certains écologistes et aussi dans le souci de trouver de nouvelles énergies renouvelables, sont actuellement très favorables à l'introduction de biocarburants dans le circuit économique. Le Brésil, pour devenir indépendant des grandes sociétés pétrolières, s'est lancé dans la production massive d'éthanol à partir de cannes à sucre. Près de 80 % des voitures dans ce pays fonctionnent à l'éthanol, carburant nettement moins polluant que l'essence. Dans certains États de ce grand pays, on peut apercevoir des champs de cannes à sucre de dimensions incroyables ! En France, on intensifie la culture de betteraves à sucre ou même de pommes de terre pour produire de l'éthanol. En Belgique, un grand projet de culture de colza a vu le jour dans le but d'utiliser son huile comme carburant. En Asie du Sud-Est, on mise sur l'huile de palme comme carburant. Malheureusement, le développement des plantations de palmiers à huile est responsable de plus de 80 % de la déforestation en Malaisie entre 1985 et 2000. De nombreux risques environnementaux sont liés à cet accroissement important de la production de matière brute pour les carburants végétaux : déforestation massive, utilisation importante de pesticides dans les monocultures et surtout de grandes quantités d'eau pour l'irrigation des champs de cannes à sucre, notamment.

Une sérieuse réflexion s'impose et certains (issus de milieux écologistes) pensent qu'à la longue les biocarburants pourraient devenir ce

Préface

pires que les énergies fossiles ! Dans ce début de controverse, le livre de Jean-Daniel et Elsa Pellet tombe à point car *Jatropha curcas*, appartenant à la famille des Euphorbiacées, est une plante encore peu exploitée malgré sa longue histoire. Et pourtant, on peut la trouver chez nous comme plante d'intérieur ! Cet arbuste aime les sols pauvres qui sont impropres à la culture vivrière. L'huile de ses graines est utilisable comme carburant et le rendement peut atteindre 1900 l/hectare. Une solution écologique intéressante car la culture ne nécessite aucune déforestation puisque *Jatropha curcas* pousse aisément dans les régions semi-arides, sans engrais chimique et sans irrigation. Des études en Inde ont montré que le « biodiesel » issu de cette plante était apte à faire marcher des voitures.

Verra-t-on bientôt des cultures de *Jatropha curcas* se développer un peu partout dans les régions semi-arides de toute la planète ? Difficile de le dire. Il faut aussi signaler que *Jatropha curcas*, comme la plupart des Euphorbiacées, contient des esters du phorbol aux propriétés toxiques, notamment irritantes pour l'œil et la peau. Il faudra donc mettre en garde les personnes qui s'occupent des cultures des dangers liés à cette plante. Malgré cela, la plante fascine et pourrait apporter une contribution aux problèmes liés à la diminution des réserves d'énergies fossiles. Les auteurs du présent livre, bien conçu et magnifiquement illustré, sont optimistes quant au potentiel de cette plante. Je partage, en partie, ce bel optimisme.

Dr. Kurt Hostettmann
Docteur en chimie, prof. de pharmacognosie et de phytochimie

Sur les traces de

Jatropha curcas

Introduction à *Jatropha curcas*
Réponses d'Elsa Pellet à différents intéressés

Pardon, vous avez dit *Jatropha curcas* ? C'est quoi ? Un nouveau virus ? une plante ? une formule magique en latin ?

Vous ne croyez pas si bien dire, car cela pourrait bien s'apparenter à une plante-formule magique. Imaginez un olivier avec ses olives. On peut lui comparer *Jatropha curcas* : un petit arbre d'environ cinq mètres de hauteur et qui donne des fruits un peu plus gros que des olives. À l'intérieur de ces fruits, des graines très oléagineuses. Quand on les presse, on obtient une huile qui peut faire tourner des moteurs diesel.

Ah bon ? Comme l'huile de colza, en quelque sorte ?

Oui, sauf que les rendements sont bien supérieurs et les coûts de production bien inférieurs, car la plante est extrêmement peu exigeante en engrais et pousse dans des terres pauvres qui sont perdues pour l'agriculture.

En quoi est-ce intéressant pour l'Europe ? Il n'y a pas de terres arides…

C'est bien pourquoi DaimlerChrysler est allée investir 400 millions d'euros en Inde pour faire pousser *Jatropha curcas*, et y faire rouler des Mercedes au biodiesel *Jatropha*…

Donc on obtiendrait un carburant vert à partir de terres impropres à l'agriculture ?

Oui. Imaginez que les millions d'hectares de terres inexploitées fournissent du biocarburant en Afrique, en Amérique du Sud, en Inde. Il y aurait moins de demande pour le carburant fossile, on épuiserait moins vite les ressources et on limiterait les hausses de prix. Et surtout on diminuerait la pollution, comme l'exige le Protocole de Kyoto en vigueur depuis février 2005.

Mais même un biocarburant émet des gaz à effet de serre lors de sa combustion. Il n'est pas plus propre que l'essence ou le gazole. Sans compter la pollution produite par son exploitation…

Il faut nuancer. Le biocarburant est issu de la biomasse, donc de la nature vivante. Comme le CO_2 émis lors de la combustion est transformé en oxygène par photosynthèse, on peut dire que le biocarburant produit 85 % de dioxyde de carbone en moins que les carburants d'origine fossile.

Est-ce que le dioxyde de carbone issu du carburant traditionnel n'est pas transformé en oxygène par photosynthèse ?

Non, parce que les gisements fossiles ont été produits par des plantes qui ont disparu depuis des millions d'années. Les gaz émis sont en surplus. Les plantes actuelles ne suffisent pas pour les absorber, donc ils sont rejetés dans l'atmosphère…

On sait que, sous prétexte d'énergies renouvelables, on introduit des monocultures après avoir détruit d'immenses surfaces de forêts au Brésil et en Malaisie. Et utiliser de l'huile comestible pour des moteurs ne semble pas être la solution…

Vous soulevez un réel problème. C'est là que *Jatropha curcas* se distingue radicalement du palmier, du soja ou du colza. Son huile n'est pas comestible, et il n'occupe pas de terres utilisées actuellement pour les cultures vivrières.

Oui, ça a l'air intéressant, mais tant que les Américains consommeront sans compter, la pollution n'est pas prêt de diminuer… Ils n'ont pas ratifié le Protocole de Kyoto.

C'est vrai, mais plus de 150 villes américaines ont déjà pris des mesures pour diminuer la pollution sans attendre les exhortations du président Bush en janvier 2007 à rouler à l'éthanol et au biodiesel. Le processus est donc aussi en route aux USA.

Donc on diminuerait à la fois la pollution et le prix de l'énergie tout en aidant les pays en voie de développement ? Investir dans *Jatropha* irait dans le sens du *Rapport Stern* publié en 2006…

Exactement ! Au fait, Nicholas Stern, en tant qu'ex-économiste de la Banque Mondiale, pourrait bien influencer les USA… *Jatropha* contribuerait à maintenir des niveaux acceptables de pollution et de prix. Des millions d'hectares deviendraient cultivables…

Oh, il ne faut pas exagérer tout de même ! On connaît ces coups médiatiques où l'on nous fait régulièrement croire que l'on a découvert la panacée…

Et pourtant c'est vrai. Dans un premier temps, les arbres de *Jatropha curcas* seraient les seuls à supporter les conditions semi-arides. Ensuite, n'oubliez pas qu'ils protègent contre l'érosion, qu'ils retiennent une certaine humidité et que la chute des feuilles produit de l'humus qui engraisse la terre…

Donc votre *Jatropha* ne produirait pas seulement du carburant renouvelable, mais améliorerait les conditions de vie des plus démunis en Inde ?

Oui. Et pas seulement en Inde. On pourrait cultiver du *Jatropha* dans toute l'Afrique sub-saharienne, en créant des sources de revenus et des emplois. Ce serait une manière de lutter contre l'immigration clandestine économique. Et l'Amérique latine se prête aussi à cette culture : le Nicaragua et le Nordeste du Brésil s'y sont lancés…

Présentée de cette manière, la plante a l'air très prometteuse. Est-elle difficile à cultiver ?

Non. Elle est exploitée depuis des centaines d'années en Afrique. Mais seulement pour fabriquer du savon et sous forme de haies pour protéger les cultures. Il faut dire qu'elle est toxique et que les animaux et les parasites n'y touchent pas. Du coup, elle est peu sujette aux maladies. Au Mali et à Madagascar, par exemple, on maîtrise les techniques agricoles et artisanales. Reste à passer au stade industriel : investir, cultiver à large échelle et transformer l'huile végétale brute en méthylester par transestérification, qui est un processus bien connu.

Mais si *Jatropha* est si extraordinaire, pourquoi ne l'a-t-on pas exploité plus tôt ?

Parce que l'on n'a découvert que très récemment son potentiel en biodiesel renouvelable. En 2006, de nombreux gouvernements se sont intéressés à *Jatropha.* C'est la raison pour laquelle ce petit livre n'est publié qu'aujourd'hui… À vous de le lire.

Photos : Mercedes-Benz

DaimlerChrysler fait ses essais sur *Jatropha curcas* en Inde.

Le biodiesel de *Jatropha curcas* intéresse Mercedes-Benz et Rolls-Royce

En 2003 et 2004, DaimlerChrysler, en collaboration avec l'Institut central de recherche sur les produits chimiques salés et marins d'Inde et avec l'Université de Hohenheim, en Allemagne, dans un projet soutenu par la DEG, la Compagnie allemande d'investissement et de développement, a planté en Inde trente-quatre hectares de *Jatropha curcas*, installé trois mini-usines de transestérification et testé le biodiesel obtenu à partir de l'huile des graines de la plante dans trois Mercedes adaptées qui, en 2005, ont parcouru 30 000 kilomètres dans des conditions difficiles, franchissant sans problèmes des cols à plus de 5000 mètres d'altitude.

Commentaire du professeur Rudolf Maly, chef du projet chez DaimlerChrysler : « *Ce carburant n'a pas encore atteint sa qualité optimale, mais il satisfait d'ores et déjà à la norme européenne. Compte tenu de la simplicité de la fabrication, nous sommes arrivés à un résultat remarquable* ». Aux ingénieurs agronomes de déterminer les modes de plantation et de culture qui donneront les meilleurs rendements.

Photos : D1 Oils plc

Installations de la firme britannique D1 Oils plc qui a investi près de 30 millions de dollars depuis 2005 en plantations et installations de raffinage de *Jatropha curcas*.

Pour sa part, la firme britannique D1 Oils plc, basée à Middlesbrough, a planté ou acquis les droits de cultiver près de 110000 hectares de *Jatropha curcas* en Afrique (Swaziland, Zambie, Afrique du Sud), en Inde (Madhya Pradesh, Gujarat et Rajasthan), au Cambodge et en Chine (promotion du biodiesel dans les provinces de Guangdong, Guangxi, Yunnan, Sichuan, Guizhou, Fujian et Hainan). La société installe ses propres raffineries en Grande-Bretagne et en Afrique du Sud, et Rolls-Royce s'est jointe au projet par un petit million de dollars. La capacité de raffinage visée est de 320 000 tonnes pour 2007 et de 420 000 tonnes pour 2008.

Jatropha curcas comme biocarburant de choix a convaincu des industriels européens – il ne reste plus qu'à étendre sa culture à grande échelle. Ce livre explique pourquoi ce sera pour le plus grand bien de la planète.

Du pétrole (mort) à la biomasse (vivante)

PLUS DE TROIS MILLE ANS avant Jésus-Christ, les Mésopotamiens utilisaient une substance noirâtre, visqueuse et d'odeur peu agréable dans diverses constructions comme les routes ou les coques de bateaux, et la raffinaient pour l'éclairage et le chauffage. Lorsque les Romains découvrirent cet épais liquide qui suintait de certaines roches, ils l'appelèrent *petrae oleum*, c'est-à-dire « huile de roche ». C'est de là que nous viennent les mots « pétrole » en français et « *petroleum* » en anglais.

On n'a pas tardé à exploiter l'huile de roche de toutes sortes de manières, la plus spectaculaire étant le « feu grégeois », arme redoutable, ancêtre du napalm, qui a permis à l'Empire byzantin de repousser les invasions arabes et slaves au VIIe siècle.

Le premier gisement de pétrole est découvert en 1859 en Pennsylvanie. Dès lors, les forages vont se multiplier aux États-Unis, encouragés par la forte demande du parc automobile naissant. Les champs de derricks poussent comme des champignons, et les

---

Photo du haut: Koweït en 1991 après l'incendie des puits de pétrole – Earth Sciences and Image Analysis Laboratory, NASA Johnson Space Center – http://eol.jsc.nasa.gov.

Photo du bas: Jatropha curcas planté en Inde pour produire du biodiesel et rendre cultivables des terres en friche – http://www.sivaganga.tn.nic.in/images/wasteland3.jpg&imgrefurl

Photo : factoidlabs.com

Sur une photographie de 1900 : la forêt de derricks concurrence celle des arbres le long de la rivière Goose Creek au Texas.

stations services s'ouvrent partout dans le pays – en 1920, il y a déjà plus de neuf millions d'automobiles en circulation et le pétrole représente 12 % de l'énergie utilisée dans le monde. Avec les découvertes des immenses gisements au Moyen-Orient dans les années 1930 commence une ère de pétrole bon marché que l'on a gaspillé jusqu'en 1973. Cette année-là, les pays de l'OPEP réduisent leur production de 25 %, le prix du pétrole triple. Le monde industrialisé prend conscience de sa dépendance économique et se met à envisager le possible épuisement des réserves : alors qu'à la fin de la Première Guerre mondiale, les États-Unis fournissent 60 % de la production mondiale de pétrole, en 2007, ils restent le troisième producteur mondial de pétrole après l'Arabie saoudite et la Russie, mais ils produisent moins de 40 % de leurs besoins domestiques.

Malheureusement, le pétrole, comme le charbon et le gaz naturel, est une matière morte depuis des millions d'années. Il retient captif d'énormes quantités de dioxyde de carbone (CO_2) qui, au moment de la combustion du carburant, se trouve libéré en trop grande quantité pour être recyclé naturellement.

En revanche, les carburants issus de la masse vivante (biomasse) des plantes comme le colza ou le tournesol s'inscrivent dans le cycle actuel du carbone : ils dégagent aussi du CO_2 lors de leur combustion, mais ce gaz carbonique est réutilisé par les plantes qui le transforment en oxygène. En principe donc, un biocarburant

– éthanol ou biodiesel – ne pollue pas. On verra plus loin que la réalité n'est pas si simple, car l'impact environnemental des carburants dits verts dépend aussi de la manière dont ils sont produits : si, par exemple, il faut brûler des milliers d'hectares de forêts pour faire la place à des cultures intensives de plantes à biocarburant, le bilan énergétique de ces derniers ne sera pas forcément meilleur que celui des carburants fossiles…

Ironie de l'histoire : le pétrole du VIIe siècle a-t-il empêché la conquête de l'Occident par les Arabes?

La formule du feu grégeois *« aurait été élaborée vers 670. Ce mélange particulièrement inflammable de naphte, salpêtre, soufre et bitume possède une propriété stupéfiante: il brûle même au contact de l'eau. […] Ce qui avait fait donner [aux navires byzantins] le nom effrayant de vaisseaux porte-feu ou "pyrophores", c'était l'appareil spécial dont chacun était muni, appareil propre à projeter "le feu liquide", l'épouvantable feu grégeois. […]*

» Cette découverte vint à point nommé pour résister aux Omeyyades lors du siège de Constantinople de 674-678. […] La découverte transforma à tel point pour un temps les conditions de la lutte, que l'on pourrait peut-être lui assigner la part principale dans l'arrêt et presque le recul que subit en Orient, dès la seconde moitié du VIIe siècle, l'immense mouvement d'expansion du monde sarrasin. »[1]

Feu grégeois tel qu'illustré dans *Synopsis historiôn*, chronique par Jean Skylitzès de la période byzantine entre 811 et 1057.

[1]Extrait de http://fr.wikipedia.org/wiki/Feu_grégeois

Trois conditions favorables aux énergies vertes et à *Jatropha curcas*

Tous les secteurs économiques dépendent du pétrole, non seulement pour le transport et le chauffage, mais également pour l'agriculture (engrais) et l'industrie (production de machines, de plastiques, de médicaments, etc.). Des produits pétroliers sont utilisés dans les pourcentages suivants : 33 % pour les transports, 31 % pour l'industrie, 30 % dans les habitations et les bureaux, 3,2 % dans la sidérurgie et 2,8 % dans l'agriculture.

Paradoxalement, c'est dans cette omniprésence que se trouve la faiblesse du système et la force des biocarburants, dont *Jatropha curcas* en premier lieu. Dès que les prix augmentent, c'est le monde économique et politique dans son entier qui réagit, favorisant la recherche de solutions alternatives ; la consommation croissante renouvelle les inquiétudes quant à la diminution des réserves, ce qui relance également l'intérêt pour les énergies renouvelables ; finalement, la reconnaissance des dérèglements climatiques dont les énergies fossiles sont responsables a permis l'entrée en vigueur du Protocole de Kyoto, par lequel 165 États se sont engagés à réduire leurs émissions de CO_2 et à favoriser les énergies renouvelables.

Condition 1 : le prix élevé du pétrole

Le prix des matières fossiles qui sont à la base de l'économie mondiale, pétrole et gaz naturel, a suivi une courbe ascendante en 2005 et 2006. Le prix du baril (environ 168 litres) de pétrole brut a plus que triplé, passant en moyenne de 19,50 dollars à 66 dollars, avec des pointes à près de 80 dollars. Non seulement les coûts des transports sont directement affectés, mais aussi le chauffage des habitations, déséquilibrant le budget de nombreux ménages en Europe et dans le monde. Une augmentation de 10 dollars du prix du baril entraîne une hausse moyenne du litre à la pompe comprise entre 5 et 8 centimes d'euro (8-12 centimes suisses), et une hausse proportionnelle du mazout de chauffage. Les Américains, habitués aux carburants bon marché, se sont retrouvés dans une stupéfaction collective lorsque le prix du gallon d'essence a dépassé les trois dollars en été 2007 (bien que cela représente à peine 60 centimes d'euro et moins d'un franc suisse le litre).

Après les quelque 80 dollars atteints en été 2006, l'OPEP souhaite un baril à 50-55 dollars…

À qui ces prix profitent-ils ? Aux compagnies pétrolières, aux pays exportateurs de pétrole – en 2006, l'Arabie saoudite aurait enregistré un excédent de recettes de quelque 70 milliards de dollars par rapport à son budget[1] – et aux spéculateurs : de nombreux analystes évaluent entre 15 et 20 dollars le surplus artificiel dû à la spéculation boursière lors des pics de 2006.

Pourtant, ces superprofits sont à terme contraires aux intérêts des producteurs de pétrole. Sadek Boussena, ex-président de l'OPEP, résume bien la crainte des pays exportateurs : « *On a tous pu voir les conséquences d'un baril à 70 dollars : cela promeut des énergies alternatives et réduit la demande* ». Dans la foulée, au début de janvier 2007, Ali al-Naimi, ministre du Pétrole d'Arabie saoudite, affirme que la politique de son pays est de préserver des « prix modérés », soit un baril de brut entre 50 et 55 dollars : c'est le « *juste prix*, a-t-il déclaré ; *pas trop élevé pour l'économie mondiale et pas trop bas pour l'économie de mon pays* ».[2]

Or le baril de brut a précisément varié dans cette fourchette de 50 à 55 dollars en janvier 2007. En forçant les prix à la baisse, les acteurs économiques du pétrole ne se soucient donc pas de la quantité de CO_2 produite, mais de leur revenus, et montrent qu'ils craignent le développement d'énergies renouvelables.

---

1. D'après la banque saoudienne Samba Financial Group, citée par le *New York Times*, dans "Saudi Officials Seek to Temper the Price of Oil", 28.1.2007.
2. *New York Times*, art. cité, 28.1.2007.

Condition 2 : la diminution des réserves de pétrole

Le deuxième élément déterminant concerne la diminution des réserves des matières fossiles. Les batailles d'experts font rage, opposant pessimistes et optimistes. Les uns situent le pic de production autour de 2010, les autres vers 2030, date à partir de laquelle le pétrole se raréfiera. Le pic de production pourrait même être plus tardif, car il n'est pas exclu que l'on découvre de nouveaux gisements ou que l'on exploite les réserves importantes que représentent les schistes bitumeux canadiens, qui sont transformables en pétrole, même si le coût industriel est bien plus élevé que celui des raffineries de brut, mais peu importe : l'après-pétrole est une réalité qui se produira tôt ou tard et dont il est urgent de tenir compte, dans la mesure où le pétrole est le « sang » qui irrigue tous les canaux de l'économie mondiale...

Le scénario catastrophe

Le pire est envisagé dans le site Internet Après-pétrole[1], qui se présente comme une simulation de ce qui se passera en absence de pétrole. « *Absence de pétrole signifie pour nous que tout le système tombe en panne, tout ce que nous connaissons s'arrête, et ce définitivement, puisqu'il n'y a aucune solution de rechange. Aucune solution alternative n'est prête, et toutes les énergies alternatives tombent en panne [...]*

» *La fin du pétrole signifie notamment la fin de l'approvisionnement en courant électrique (même nucléaire), en eau potable, en alimentation, la fin de tous les transports, de tous les médias et des moyens de communication, bref la fin de la société moderne.* » Et les auteurs de prédire la disparition des zones urbaines et le retour à une organisation sociale au sein de communautés rurales, où l'huile de coude et les animaux de trait redeviendront les principales énergies disponibles.

Les auteurs du site Après-pétrole disent « *écarter délibérément la plupart des énergies alternatives nécessitant de la technologie moderne : elles sont toutes dépendantes directement ou indirectement du pétrole, et s'arrêteront probablement avec lui...* »

1. http://apres.petrole.online.fr.

Le règne rural promis par les catastrophistes de l'après-pétrole ne sera pas si bucolique que cela.

Si cette analyse est considérée comme outrancière par l'establishment, elle a récemment reçu un soutien aussi indirect qu'involontaire par le Rapport Stern. Cette étude, commanditée par le gouvernement britannique et signée d'un ex-directeur économique de la Banque Mondiale, prédit des conséquences socio-économique désastreuses si des mesures immédiates ne sont pas prises pour lutter contre les émissions de gaz à effet de serre.

La vision positive

Sans parier sur d'aléatoires découvertes scientifiques, on peut d'ores et déjà prendre des mesures très efficaces pour économiser les ressources énergétiques fossiles. Un des meilleurs promoteurs francophones de cette approche est l'association négaWatt, animée par une vingtaine d'experts tous impliqués à titre professionnel dans les économies d'énergie ou les énergies renouvelables.

Selon le *Scénario négaWatt 2006 pour un avenir énergétique sobre, efficace et renouvelable*, document de synthèse publié à Paris en décembre 2005 et téléchargeable du site[1], « *l'alternative crédible à l'augmentation infinie de nos consommations d'énergie, de toute façon impossible* » s'articule autour de trois axes : la sobriété énergétique, l'efficacité énergétique et les énergies renouvelables.

Selon les calculs et les projections bien documentés de négaWatt, le potentiel est énorme. Par exemple, il serait possible de diminuer de plus de 50 %, les dépenses d'énergie domestique. Quant aux énergies renouvelables, elles « *ont un faible impact sur notre environne-*

---

1. http://www.negawatt.org.

Photos: Fabrice Mouttet

Éoliennes du Mont-Crosin, dans le Jura bernois, en Suisse. Hauteur de 67 mètres, 44 mètres de diamètre pour les pales.

ment; elles sont les seules qui permettent de répondre durablement à nos besoins en énergie sans épuiser notre planète».

Solaire, éolien, biomasse

NégaWatt avance que, sous certaines conditions, notamment une stricte diminution des gaspillages actuels, les énergies renouvelables pourraient représenter 80% de la consommation en 2050. Pour y parvenir, il faut entre autres développer les sources d'énergie solaire et éoliennes, ainsi que celles de la biomasse.

La biomasse joue un rôle déterminant dans la production de biodiesel à partir de plantes oléagineuses. Dans l'hémisphère Nord, en Europe, on transforme déjà le colza et le tournesol en biocarburant, alors que les États-Unis utilisent plus volontiers les graines de soja. Même si ces carburants jouent pour l'instant un rôle négligeable en termes de quantité, le processus est lancé. En revanche, dans l'hémisphère Sud où se trouvent la plupart des pays à économie émergente, il n'existait aucune énergie alternative jusqu'à récemment: ces pays devaient acheter des carburants fossiles, ajoutant à la demande et à la pollution atmosphérique. Depuis quelques années, la forte demande des futurs géants économiques que sont l'Inde et la Chine contribue à l'augmentation des coûts et accélère la raréfaction des ressources fossiles, ce qui, parallèlement, ne va pas sans induire des tensions politico-militaires comme celles qui existent au Proche-Orient. Si les États-Unis, qui dépendent pour 60% de leurs besoins d'importation de pétrole, cherchent par tous les moyens à sécuriser leur approvisionnement au Moyen-Orient,

Aide chinoise à l'Afrique

Presque tout le continent africain entretient des relations économiques et/ou politiques plus ou moins étroites avec la Chine, qui va doubler son aide pour la porter à 10 milliards de dollars jusqu'en 2009. Le Premier ministre chinois Wen Jiabao a fixé comme objectif pour 2010 un volume commercial de 100 milliards de dollars. De telles conditions peuvent favoriser le développement des bioénergies, dont *Jatropha curcas*, auquel les terres semi-arides conviennent particulièrement.

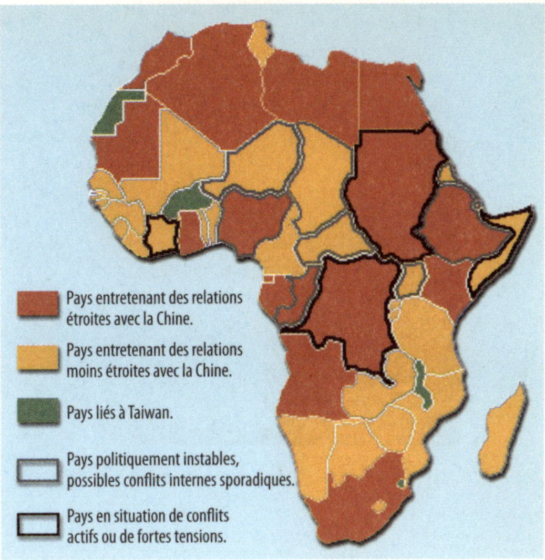

Source du graphique : « Comment la Chine a conquis les Africains », in *L'Hebdo*, 25.1.2007.

la Chine, elle, va chercher ses matières premières en Afrique. Et avec succès, ainsi qu'en témoigne le Troisième Sommet du Forum de coopération Chine-Afrique (FCCA) qui s'est tenu à Beijing les 4 et 5 novembre 2006. Le président Hu Jintao a notamment affirmé que «*sans la paix et le développement en Chine et en Afrique, il n'y aura pas de paix et de développement dans le monde*», en annonçant le doublement d'ici à 2009 de l'aide chinoise de 2006 à l'Afrique – cinq milliards de dollars prêts et de crédits préférentiels, plus un fonds spécial de cinq milliards de dollars pour soutenir les entreprises chinoises en Afrique.

Même si, de toute évidence, les richesses minières et le pétrole libyen et nigérian intéressent aujourd'hui les Chinois, cette coopération sino-africaine ne sera probablement pas sans influence sur l'exploitation de plantes à biocarburant: en effet, les millions de kilomètres carrés de terres africaines en friche constituent le terrain rêvé pour exploiter *Jatropha curcas*, produire du biodiesel et revaloriser les terres…

Condition 3: la lutte contre l'effet de serre

Indépendamment des prix et de l'épuisement des ressources fossiles comme le pétrole ou le gaz naturel, le Protocole de Kyoto (v. p. 36) impose aux pays de diminuer d'ici à 2012 leurs émissions de gaz à effet de serre à 5,2 % au-dessous des valeurs de 1990.

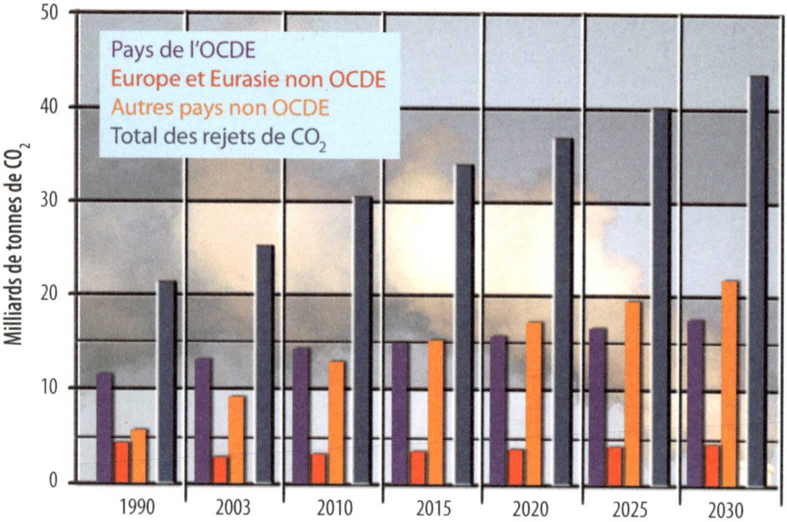

En milliards de tonnes, rejets de dioxyde de carbone dans l'atmosphère par région du monde. Données de 1990 à 2003 et projections de 2004 à 2030.

Source : Energy Information Administration, statistiques officielles des États-Unis – http ://www.eia.doe.gov/iea/

En quoi consiste l'effet de serre ? Certains gaz – non seulement le dioxyde de carbone CO_2, mais également le méthane CH_4, l'oxyde nitreux N_2O, l'hexafluoride de soufre SF_6, les hydrofluorocarbones et perfluorocarbones et ... la vapeur d'eau – rendent moins perméables les différentes couches de l'atmosphère qui retiennent une partie du rayonnement infrarouge que la Terre émet vers l'atmosphère. Si ce rayonnement se perdait complètement, il ferait sur Terre une température largement au-dessous de zéro degré. Il faut qu'une quantité appropriée, ni plus ni moins, de ce rayonnement soit retenu pour que la température de la planète soit de 15° C en moyenne. Depuis quelques dizaines d'années, les gaz incriminés provenant des activités humaines modifient la composition de l'atmosphère, au point que la planète se trouve comme dans une serre qui conserve une trop grande quantité du rayonnement infrarouge et augmente ainsi la température en surface.

Les chercheurs prévoient que, d'ici à 2100. cet effet de serre provoquera un réchauffement compris entre 1,5° à 5° C, qui entraînera des conséquences d'autant plus catastrophiques que l'augmentation de température sera plus grande.

Le cyclone Katrina s'approchant de la Louisiane, le 28 août 2005, alors au niveau 5, avec des pointes de 345 km/h.
Bien des spécialistes attribuent la multiplication des *hurricanes* destructeurs au réchauffement climatique.
Photo : NASA (http ://visibleearth.nasa.gov).

L'environnement serait chamboulé, avec une montée du niveau des océans et des changements du régime des courants marins responsable du climat des terres (par exemple, le Gulf Stream pour l'Europe) qui entraîneraient de profondes variations climatiques. Paradoxalement, ce réchauffement provoquerait une forme de glaciation en Europe de l'Ouest, qui ne bénéficierait plus de l'effet du Gulf Stream et se retrouverait avec un climat pareil à celui du nord du Québec.

À l'inverse, les lourdes chaleurs à l'équateur favoriseraient la formation d'ouragans et d'inondations. Finalement on ne peut pas imaginer tous les effets collatéraux. Par exemple, en 2005, le cyclone Katrina, qui pourrait être en partie la conséquence des gaz à effet de serre, a détruit des installations de raffinage de pétrole, provoquant une diminution de l'offre et une forte augmentation des prix à plus de 70 dollars le baril.

Le principal gaz à effet de serre est le dioxyde de carbone (CO_2) qui est produit par toute combustion. Ce gaz, appelé aussi gaz carbonique, n'est pas nocif en soi – il est entre autres utilisé dans les boissons gazeuses et, comme on le sait, il est indispensable à la croissance des végétaux – c'est son excès qui pose problème.

Et excès il y a : en 2003, la combustion des carburants fossiles – pétrole, charbon et gaz naturel – a produit plus de 25 milliards de tonnes de dioxyde de carbone. Selon les prévisions de l'Energy

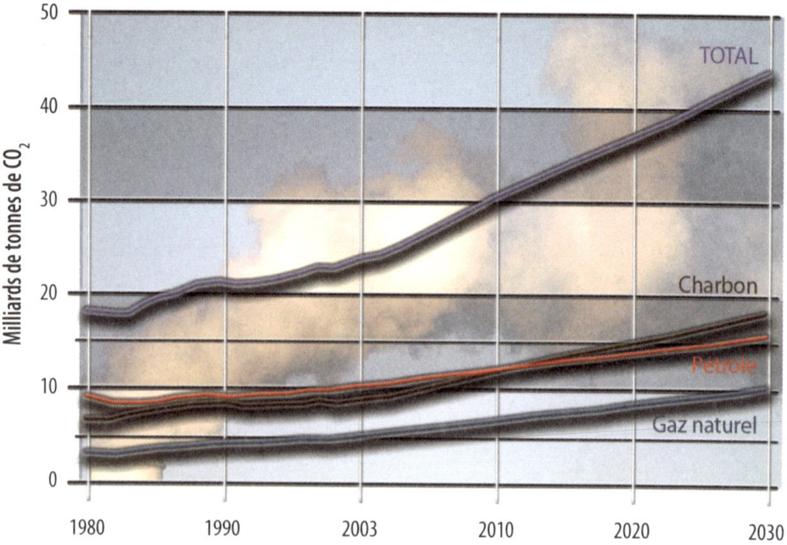

En milliards de tonnes, rejets de dioxyde de carbone dans l'atmosphère en fonction de la source d'énergie. Données de 1980 à 2003 et projections de 2004 à 2030.

Source : Energy Information Administration, statistiques officielles des États-Unis – http ://www.eia.doe.gov/iea/

Information Administration des États-Unis[1], les émissions de CO_2 dépasseraient les 33,5 milliards de tonnes en 2015 déjà, et les 43,5 milliards de tonnes en 2030.

Mais il est impossible d'éviter la pollution

À l'heure où l'on parle de carburants « verts » et d'énergies renouvelables, on a tendance à oublier que toute production d'énergie génère des déchets. Que l'on roule en véhicule à moteur ou que l'on fasse un feu de bois, on pollue. Chauffer sa maison au gaz naturel ou au mazout ne fait pas grande différence en ce qui concerne les gaz polluants rejetés dans l'atmosphère.

La différence tient dans la capacité de la nature à utiliser et à recycler les gaz polluants – ce qu'elle fait sans problèmes lorsqu'ils font partie du cycle naturel du carbone. Pour comprendre ce phénomène, il faut rappeler le rôle de la biomasse.

1. *International Energy Outlook 2006* – http ://www.eia.doe.gov/oiaf/ieo/emissions.html.

La biomasse et le cycle naturel du carbone

Comme la racine grecque du mot l'indique (*bios*, « la vie »), la *biomasse* est constituée par la masse des espèces vivantes, végétales et animales.

Employé en relation avec l'énergie, le terme biomasse désigne l'ensemble des énergies qui se dégagent lors des processus de vie et de mort, dans lesquels le carbone joue un rôle prépondérant. En effet, cet élément (symbole chimique C) est le composant principal de la matière vivante. Il a la propriété de former quatre liaisons, et il se lie principalement avec l'azote (N), l'oxygène (O) et l'hydrogène (H), formant les composés organiques qui sont à la base de la vie sur Terre. Par exemple, un atome de carbone (C) lié à deux atomes d'oxygène donne du dioxyde de carbone (CO_2), gaz dit carbonique indispensable à toute vie; les acides gras, indispensables eux aussi à la vie, sont formés de chaînes linéaires de carbone de taille variable, ainsi que d'oxygène et d'hydrogène; lié uniquement à de l'hydrogène, le carbone donne des hydrocarbures comme le méthane (CH_4); sans oublier toutes les protéines (hormones, enzymes) et vitamines, les glucides (appelés aussi hydrates de carbone), qui fournissent au règne animal l'énergie nécessaire pour vivre, et l'ADN, qui sont également à base de carbone, d'azote, d'oxygène et d'hydrogène.

Le carbone est transformé en matières biologiques par photosynthèse, où, sous l'action du soleil, les plantes consomment du dioxyde de carbone (CO_2) et rejettent de l'oxygène. Lors de la décomposition et de la combustion des matières organiques, le carbone qu'elles contiennent retourne dans l'atmosphère. C'est le *cycle naturel du carbone*, qui est équilibré et ne crée aucun dommage, puisque le carbone rejeté est réutilisé par les plantes. C'est un recyclage parfait des déchets naturels.

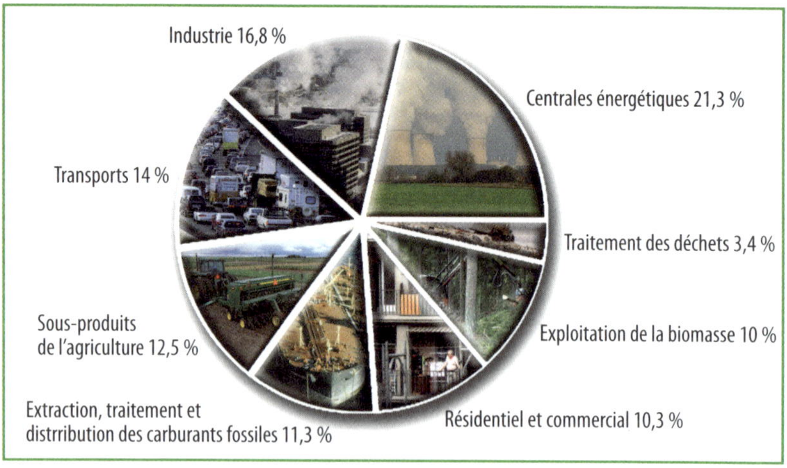

Origines humaines des gaz à effet de serre pour l'année 2000 (dioxyde de carbone CO_2, méthane CH_4, oxyde nitreux N_2O, hexafluoride de soufre SF_6 + hydrofluorocarbones et perfluorocarbones).

Source : Agence néerlandaise pour l'évaluation environnementale, http ://www.mnp.nl/edgar/model/v32ft2000edgar.

Déséquilibre de la biomasse

Pour que la température et le climat de la planète restent stables, il est indispensable que soit respecté l'équilibre entre le carbone libéré lors de la dégradation organique et le carbone utilisé par les plantes lors de leur croissance. Lorsqu'il y a davantage de carbone que ce que les plantes peuvent consommer, il se produit un déséquilibre responsable de l'*effet de serre*. L'excès de dioxyde de carbone affecte la composition des couches atmosphériques, qui laissent passer des radiations solaires à ondes courtes et qui retiennent un excès du rayonnement infrarouge, provoquant un réchauffement de la planète. Cela se traduit pas des changements climatiques importants, qui se caractérisent par des sécheresses et de brusques variations de température.

Les combustibles fossiles comme le charbon, le pétrole et le gaz naturel se sont lentement constitués sur des millions d'années. Piégées dans des gisements souterrains et sous-marins, ces matières ne font plus partie de la biomasse, puisque les plantes décomposées dont elles proviennent ont disparu depuis la nuit des temps. C'est pourquoi, lorsque nous brûlons des carburants fossiles, nous ajoutons dans l'atmosphère un surplus de gaz à effet de serre qui ne peuvent pas être recyclés par la nature et qui détruisent l'équilibre atmosphérique.

Biocarburants issus de la biomasse

Les biocarburants sont des combustibles liquides ou gazeux qui sont issus de la biomasse. Par exemple, le biodiesel est une huile extraite de plantes oléagineuses, qui peut alimenter des moteurs diesel; l'éthanol – parfois inutilement appelé *bio*éthanol – est un alcool issu de la fermentation de matières organiques qui peut s'ajouter à ou remplacer l'essence; le biogaz peut également remplacer le gaz naturel. En résumé:

– Le bilan énergétique neutre des biocarburants réduit les émissions de gaz à effet de serre, puisque le CO_2 produit est transformé en oxygène par les plantes dont ils sont issus;

– Les biocarburants diminuent le recours aux énergies fossiles traditionnelles qui rejettent un excès de CO_2 dans l'atmosphère;

– Contrairement aux champs pétrolifères et gazeux inégalement répartis sur la planète, les biocarburants peuvent être produits partout où la végétation croît;

– Ils sont théoriquement inépuisables et renouvelables, puisqu'il suffit de cultiver les plantes adéquates;

– Ils permettent ainsi un développement régional et diminuent la dépendance énergétiques des régions sans ressources fossiles.

Tous les avantages que présentent les biocarburants ne doivent pas occulter les problèmes que pose une authentique mise en œuvre de ces ressources: ils sont de nature économique, culturelle, politique et ... écologique.

Les problèmes posés par les carburants « verts »

Les mesures écologiques imposées par le Protocole de Kyoto (v. p. 36), l'augmentation du prix du pétrole et le désir des États de diminuer leur dépendance énergétique semblent être d'excellentes raisons de produire des biocarburants pour limiter les émissions de CO_2. Il convient cependant d'y regarder de plus près.

Photo: J.-P. Pellet

Champs de colza en Suisse. Toute plante oléagineuse peut fournir du biocarburant pour alimenter des moteurs diesel. Le désavantage, c'est que la culture de ces plantes est grosse consommatrice d'énergie sur des terres propres à des cultures vivrières... Par comparaison, *Jatropha curcas* offre un rendement supérieur dans des terres impropres à l'agriculture et nécessite beaucoup moins d'énergie.

La décision de l'Union européenne d'incorporer d'ici à 2010 une proportion de 5,75 % de biocarburants dans les carburants traditionnels implique l'affectation de 3,5 millions d'hectares à des cultures non vivrières. Dans le cadre de l'Europe des quinze, on pourrait exploiter jusqu'à six millions d'hectares, puisque c'est la surface de jachère imposée chaque année aux agriculteurs. C'est dire que l'Union européenne pourrait au mieux produire 15 % de sa consommation en carburant. D'autre part, abandonner la jachère n'est pas sans conséquence : cela implique un l'emploi d'un surcroît de fertilisants, lesquels sont fabriqués à partir du pétrole fossile. En outre, cette production n'irait pas sans exercer une pression sur les terres arables, ce qui pourrait provoquer une hausse du prix des produits agricoles destinés à l'alimentation.

Si, en théorie, les combustibles issus de la biomasse présentent un bilan énergétique neutre, puisque le gaz carbonique issu de la combustion est réutilisé par les plantes qui fournissent les biocarburants, en pratique la fabrication du biodiesel et de l'éthanol est une source non négligeable de nuisances environnementales : chaque année, il faut préparer les champs, ensemencer, engraisser, récolter, transformer l'huile brute et la transporter. Tant que la part de biocarburant sera minime, ce cycle agricole et industriel est aussi source de pollution.

L'exemple du premier producteur mondial d'éthanol, le Brésil, où de nombreux pays européens vont s'approvisionner, est éloquent : pour produire dix-sept milliards de litres d'éthanol en 2005 et monter jusqu'à trente milliards en 2012, les entrepreneurs pratiquent la déforestation sauvage et introduisent des monocultures de canne à sucre (et, pour d'autres raisons, de soja pour lequel, selon Greenpeace, plus de 670 000 km^2 ont été déboisés par le feu entre 2002 et 2005, soit la surface de la France), ce qui constitue une dangereuse atteinte au poumon de la planète qu'est la forêt amazonienne.

En Malaisie et en Indonésie, l'exploitation d'*Elaeis guineensis*, le palmier à huile, provoque également une forme de catastrophe écologique. Non seulement en raison de la déforestation et de l'élimination de la biodiversité, mais à l'occasion de chaque récolte : pour les quelque cinq tonnes d'huile produites sur un hectare, ce ne sont pas moins de quarante tonnes de déchets solides qui sont le plus souvent brûlés, libérant ainsi de grandes quantités de CO_2 dans l'atmosphère.

Dans ces conditions, le biocarburant dit vert pourrait bien se révéler comme une illusion, un remède qui ne serait pas moins grave que le mal qu'il cherche à soigner. Sous prétexte d'exploiter des énergies renouvelables, on instaurerait des monocultures sauvages qui ne serviraient qu'à une recherche de profits à court terme sans qu'aucun problème écologique ne soit résolu...

Les solutions apportées par Jatropha curcas

Il faudrait donc que l'on trouve une plante particulière, qui n'empiète ni sur les cultures vivrières ni sur les forêts existantes, et dont l'exploitation n'exige pas de grosses ressources énergétiques ni ne produise des déchets coûteux.

Cette plante existe – elle s'appelle *Jatropha curcas*, et l'année 2006 pourrait bien avoir été celle où se sera décidé son développement à grande échelle. La seule inconnue qui subsiste semble être celle du financement des nombreux projets qui attendent...

Les atouts exclusifs de *Jatropha curcas*

PARMI LES SOURCES D'ÉNERGIE issues de la biomasse, *Jatropha curcas* occupe une place privilégiée, car sa culture et son exploitation ne présentent aucun des désavantages présentés par le colza, le tournesol, le soja ou le palmier à huile.

– *Jatropha curcas* est un petit arbre frugal qui pousse dans des terres arides et abandonnées; il ne concurrence donc pas les cultures vivrières;

– Contrairement à des cultures qui, comme le colza ou le soja, nécessitent chaque année de gros investissements énergétiques depuis la préparation des champs pour les semailles jusqu'à la récolte, en passant par l'engraissement des sols et les traitements antiparasitaires, *Jatropha curcas* se plante une fois pour durer entre quarante et cinquante ans, ne requiert pas de fertilisants issus du pétrole, n'est pas consommé par les animaux et présente un grande résistance aux parasites;

– Au contraire de l'huile de colza, de tournesol ou de soja, l'huile de *Jatropha curcas* n'est pas comestible, donc son utilisation comme biocarburant ne se fait pas aux dépens de l'alimentation humaine;

– Une plantation de *Jatropha curcas* combat la désertification et l'érosion, et peut au terme de quelques années rendre des terres jusque-là incultes propres à des cultures vivrières entre les arbustes – loin de prendre la place des cultures vivrières, *Jatropha curcas* peut donc augmenter la surface agricole du globe;

– Le tourteau, résidu du pressage des graines de *Jatropha curcas*, peut être utilisé comme engrais naturel;

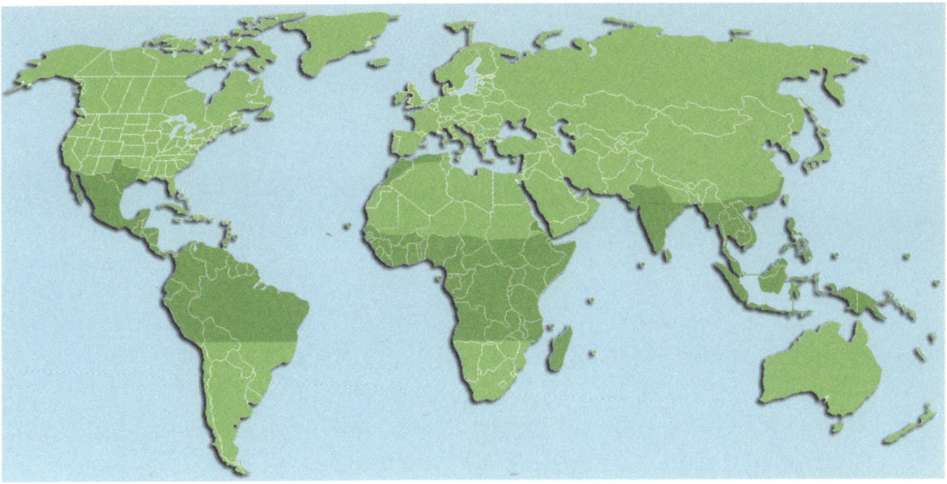

Ci-dessus, en vert foncé, les régions du monde où l'on pourrait planter *Jatropha curcas* dont les graines permettent de fabriquer du biodiesel. Ce petit arbre se contente de sols semi-arides à arides. Il ne prend la place d'aucune culture vivrière et offre un rendement double de celui du colza. Son exploitation fournirait du travail aux populations pauvres de l'hémisphère Sud.

Ci-dessous, pour comparaison avec les régions où croît *Jatropha curcas*, la répartition des champs pétrolifères. En brun foncé, les douze plus gros exportateurs de pétrole en 2004 (en millions de barils/jour). En brun clair : les treize pays qui produisent plus de deux millions de barils par jour, mais sans être en mesure d'exporter.

Source : EIA, Energy Information Administration, Statistiques énergétiques officielles des États-Unis, http ://www.eia.doe.gov/emeu/cabs/topworldtables1_2.html

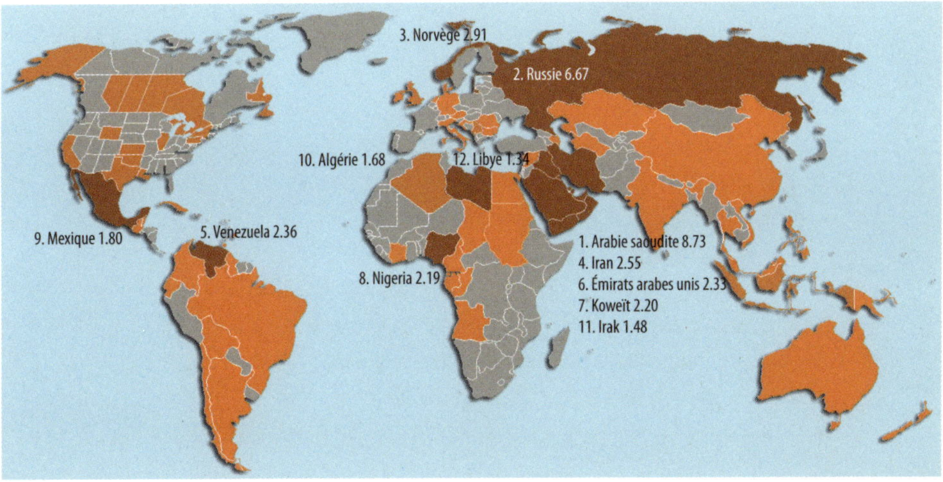

– Sur le plan local, *Jatropha curcas* contribue à améliorer les conditions de vie des populations les plus défavorisées de la planète et fournit des revenus qui diminuent les migrations pour raisons économiques.

Les enjeux de *Jatropha curcas* au niveau mondial

En cette première décennie du XXIe siècle, la plupart des pays – notamment en Afrique et en Amérique du Sud – où la culture de *Jatropha curcas* est possible sont de modestes pollueurs en regard des pays industrialisés. On pourrait donc objecter qu'il est peu rentable, écologiquement parlant, d'agir sur la faible consommation énergétique de ces pays, et qu'il est plus urgent de prendre des mesures chez les gros pollueurs de la planète. Ce n'est pourtant pas si simple. En effet, les pays du Sud sont appelés à se développer et à consommer de plus en plus d'énergie, comme le font l'Inde et la Chine depuis une trentaine d'années. Or ces deux pays à économie émergente figurent déjà aux deuxième et troisième rangs du classement des pays émetteurs de gaz à effet de serre, dont le premier rang est occupé par les États-Unis.

Quand on y regarde de plus près, on se rend compte que ce classement est aussi trompeur que provisoire, car, en réalité, *la Chine et l'Inde sont de très modestes pollueurs*... Pour s'en convaincre, il suffit de considérer une autre statistique : celle de la pollution par habitant. En 2003, chaque Américain polluait presque dix-sept fois plus qu'un Indien et presque sept fois plus qu'un Chinois (v. graph. p. 33 : « Émissions de CO_2 par habitant et par pays »).

Si, un jour, la pollution en CO_2 par habitant en Chine et en Inde devait approcher celle des pays industrialisés – en 2003, un Américain rejetait 19,8 tonnes par an (t/a) de CO_2, un Australien 18 t/a, un Canadien 17,9 t/a, un Allemand 9,8 t/a, chaque habitant de la Corée du Sud, du Japon et de Grande-Bretagne entre 8,7 et 9,7 t/a, un Français 6,2 t/a – nous courrions à la catastrophe. Les émissions de CO_2 augmenteraient de manière insoutenable : si les 2500 millions de Chinois et d'Indiens polluaient à eux seuls autant que les Américains, ils émettraient deux fois la quantité mondiale de CO_2 émise en 2003. En outre, la demande en énergie exploserait,

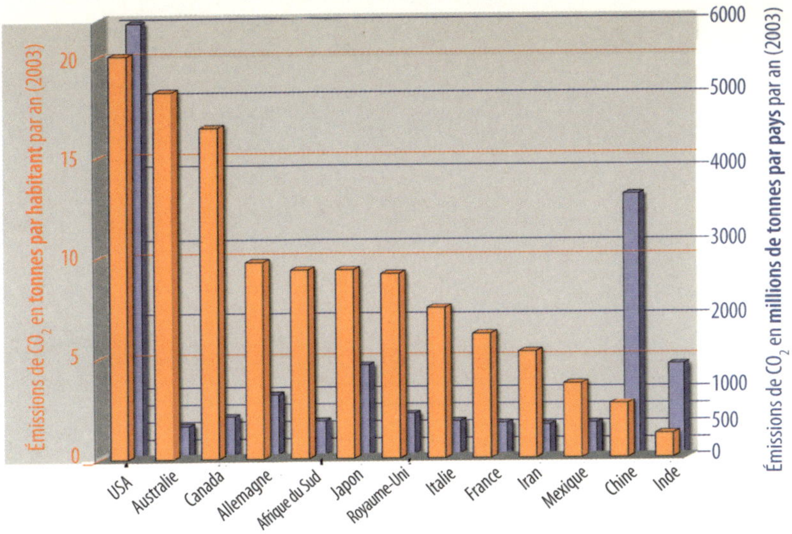

Émissions de CO_2 par habitant et par pays en 2003

Considérées par pays (barres bleues), les émissions de CO_2 placent la Chine et l'Inde en deuxième et troisième positions derrière les États-Unis. Pourtant, par habitant (barres oranges), les Indiens et les Chinois polluent jusqu'à dix fois moins que les habitants des pays industrialisés. C'est pourquoi *Jatropha curcas* est si important : il pourrait permettre aux Indiens, aux Chinois (et à tous les pays du Sud) de développer leurs industries sans rejeter du CO_2 d'origine fossile, sans déforestation et sans soustraire de terres aux cultures vivrières.

Sources des valeurs d'émissions de CO_2 pour 2003 : Division de statistique des Nations unies, http://millenniumindicators.un.org/.

provoquant un épuisement très rapide des ressources fossiles, malgré une lourde augmentation des prix qui, ainsi que les chocs pétroliers de ces dernières décennies l'ont démontré, serait probablement dans un premier temps absorbée par l'industrie et les consommateurs.

On comprend donc qu'il est urgent de développer des énergies renouvelables vraiment propres. Et comme nous l'avons démontré, parmi celles issues de la biomasse, aucune plante ne peut concurrencer *Jatropha curcas* : à un bon rendement s'ajoute le respect de l'environnement.

Rang	Pays	tCO_2/hab
1...	Iles vierges US...	121,3
10	Luxembourg	22,0
11	États-Unis	19,8
35	Allemagne	9,8
38	Royaume-Uni	8,7
44	Pays-Bas	8,7
45	Autriche	8,6
46	Belgique	8,3
52	Italie	7,8
54	Espagne	7,3
61	France	6,2
64	Suède	5,9
69	Portugal	5,6
70	Suisse	5,6
...98	... Chine	3,2
...209	... Tchad	0,0

Classement de quelques pays européens par émissions de CO_2 en tonnes par habitant en 2003, comparés aux gros et aux petits pollueurs de la planète. Sources : idem ci-dessus

Le financement d'une économie verte indépendant du prix du pétrole ?

MALGRÉ LES CHIFFRES ACCABLANTS et les risques énormes, l'économie a toujours été réticente devant les mesures à prendre. Et l'économie est aussi déterminée par les réactions de chaque citoyen : pour que le biodiesel ait une vraie chance de s'imposer, il faudra que son prix soit concurrentiel. Fred Mayes, de l'Administration américaine de l'information sur l'énergie, déclarait le 17 mai 2005 sur CNN que *« le biodiesel est très prometteur pour réduire la pollution, mais il est encore bien trop tôt pour déterminer s'il deviendra viable sur le marché »*. Cette viabilité dépend de plusieurs facteurs : le prix des carburants fossiles, la taxation des biocarburants et le désir des États de diminuer leur dépendance énergétique. Comme le cours du pétrole est récemment redescendu entre 50 et 55 dollars le baril après sa pointe à presque 80 dollars en 2006, la pression financière à court terme a largement diminué.

Même en Europe, qui est la région du monde la plus engagée dans la lutte contre le réchauffement du climat, les mesures éventuelles sont subordonnées aux conditions économiques, ainsi qu'en atteste la déclaration de Bruno Oberle, docteur ès sciences techniques, chef de l'Office fédéral suisse de l'environnement[1] : *« Si je dois choisir entre dépenser des milliards pour acheter du pétrole aux États du Moyen-Orient ou alors investir cet argent pour réaliser des économies d'énergie ici en Suisse, je n'hésite pas un instant, je préfère moderniser nos bâtiments et rouler avec des voitures plus propres. À condition que le rapport coût/efficacité*

1. Cité dans *L'Hebdo*, 5 octobre 2006.

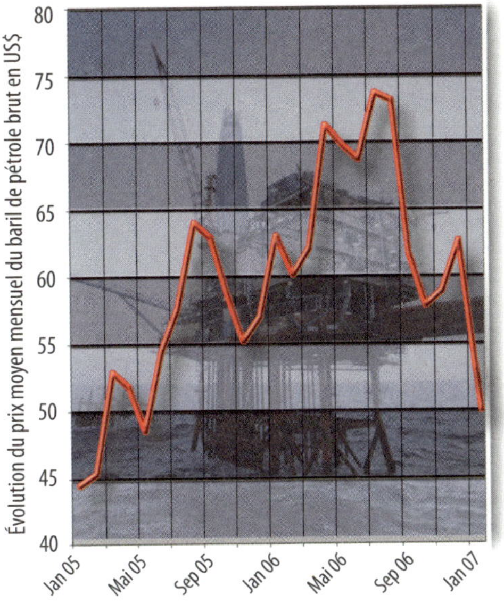

L'Arabie saoudite ne veut plus d'un baril à plus de 55 dollars

2005 et 2006 ont été les deux seules années où le cours moyen du pétrole a dépassé les 55 dollars avec des pointes à près de 80 dollars, le Brent s'établissant à 59,88 dollars. Ce prix élevé favorise les énergies vertes, ce que l'Arabie saoudite s'efforce de contrer en cherchant depuis décembre 2006 à maintenir les prix entre 50 et 55 dollars. En principe, cette décision économique n'affectera pas les mesures de réduction des émissions de CO_2, auxquelles, depuis l'entrée en vigueur du Protocole de Kyoto, les États se sont contraints.

soit raisonnable. Or, justement, avec un baril à 65 dollars, d'autres technologies deviennent rentables. »

Ces deux déclarations de part et d'autre de l'Atlantique résument bien la position écologique, économique et politique des gouvernements : d'accord pour prendre des mesures écologiques, mais seulement celles dont le « rapport coût/efficacité est raisonnable ». Cette attitude, que l'entrée en vigueur du Protocole de Kyoto en février 2005 devrait avoir davantage infléchie, pourrait bien évoluer définitivement à la suite de la publication du Rapport Stern en octobre 2006.

Rappelons que, jusqu'à récemment, c'est dans le cadre d'approches scientifiques et d'un point de vue principalement environnemental qu'ont été étudiés et évalués les effets d'un réchauffement climatique sur la planète. Depuis 1988, il appartient au Groupe d'experts intergouvernemental sur l'évolution du climat (GIEC – en anglais : *IPCC, International Panel on Climate Change*), constitué par l'Organisation météorologique mondiale et le Programme des Nations unies pour l'environnement, de rendre compte de la littérature scientifique mondiale sur le climat et l'effet de serre. Tous les cinq ans, le GIEC publie un rapport qui fait foi auprès

Deux ours piégés sur des blocs de glace en dérive dans la mer de Béring en 2004. Il existe quelque 20 000 ours polaires, que le réchauffement climatique pourrait anéantir dans les cent prochaines années. Photo Dan Crosbie, Service canadien des glaces d'Environnement Canada.

des gouvernements. Dans leur rapport de 2001, les centaines de scientifiques du GIEC restaient prudents : il était « vraisemblable » – une probabilité comprise entre 66 % et 90 % – qu'un réchauffement climatique anormal soit causé par l'homme. Le rapport de 2007 lève toute incertitude : cette réalité est « sans équivoque », et prévoit un réchauffement compris entre 1,8° C et 4° C au XXIe siècle, pouvant affecter le climat de la planète pendant mille ans. Les évidences sont telles que, pour la première fois, George Bush lui-même a reconnu la nécessité de prendre des mesures urgentes. Achim Steiner, administrateur du GIEC, a pu déclarer : « *On se souviendra du 2 février 2007 comme de la date à laquelle les incertitudes quant à la responsabilité humaine dans le changement climatique ont pu être levées* »[1].

Le Protocole de Kyoto et la diminution des émissions de CO_2

Le Protocole de Kyoto à la Convention-cadre des Nations unies sur le changement climatique, négocié dès décembre 1997 et signé en mars 1999, est entré en vigueur le 16 février 2005. Cent soixante-

1. Cité par le *New York Times*, 2 février 2007.

cinq pays, dont la Suisse et les membres de l'Union européenne, sont partie prenante et se sont engagés à diminuer leurs émissions de CO_2, avec pour objectif la «*stabilisation des concentrations de gaz à effet de serre dans l'atmosphère à un niveau qui empêche toute interférence anthropique dangereuse avec le système climatique*» (article 2). Son article 12 prévoit en outre un système appelé «Mécanisme de développement propre» (v. p. 39) qui permet le développement des pays pauvres sans les forcer, au moins jusqu'en 2012, à diminuer encore le peu de CO_2 que, étant donné leur faible industrialisation, ils produisent. Il serait injuste, ont-ils argué, que l'Occident ait pu développer ses industries sans se soucier de pollution, et que les pays émergents se voient aujourd'hui freinés par la faute de la pollution occidentale préexistante.

Les dispositions du protocole sont contraignantes et imposent aux États qui l'ont ratifié une diminution des émissions des gaz à effet de serre indépendamment du prix du pétrole. Seule ombre au tableau: le plus important pollueur du monde, les États-Unis, a refusé de ratifier cette convention. Les experts de l'administration Bush avancent que le Protocole de Kyoto aurait entraîné la perte de plusieurs millions d'emplois et une sérieuse récession.

La nouveauté dans ce débat, c'est que, à ces arguments économiques, le Rapport Stern oppose d'autres arguments économiques.

Le Rapport Stern: *The Economics of Climate Change*

En octobre 2006, Sir Nicholas Stern présente le rapport que lui a commandé le gouvernement britannique. L'auteur n'est pas un spécialiste du réchauffement climatique, mais un économiste influent, qui, en sa qualité d'ex-directeur économique de la Banque Mondiale, fait partie de la grande famille des tenants du libéralisme économique. Dans *The Economics of Climate Change* (*L'Économie du changement climatique*), il présente les effets du réchauffement climatique non seulement selon le point de vue écologique devenu incontestable, *mais en en calculant les coûts économiques.* Il y affirme avec force que, plus on attend pour prendre des mesures, si coûteuses soient-elles aujourd'hui, plus le prix à payer pour les effets du réchauffement climatique sera élevé.

Selon le Rapport Stern, si aucune mesure n'est prise et que la température s'élève de 5° C dans les décennies à venir, le coût économique du réchauffement climatique s'élèvera jusqu'à 10 % du produit mondial brut. Comme, selon le Fonds monétaire international, ce produit pour 2006 est de 47 766.58 milliards de dollars, la facture économique du réchauffement climatique de 5° C se monterait donc à 4776.66 milliards de dollars, soit quelque 3670 milliards d'euros ou 5926 milliards de francs suisses au taux de change de janvier 2007. Cette facture représente près de 40 % du produit intérieur brut des USA ou 97 % des PIB additionnés de l'Allemagne et de la France.

En revanche, ajoute Stern, si des mesures immédiates sont adoptées pour au moins stabiliser les émissions de gaz à effet de serre ces vingt prochaines années, puis pour les réduire, il en coûterait dix fois moins à la communauté internationale, soit 1 % du produit mondial brut. En clair, il faudrait que les États s'engagent à débloquer quelque 480 milliards de dollars dans les années à venir pour non seulement éviter la catastrophe écologique, mais également la ruine économique du monde.

Est-ce entre autres grâce au Rapport Stern, alors même que les conclusions accablantes du GIEC n'étaient pas encore disponibles, qu'un sondage auprès de cinq cents des deux mille quatre cents décideurs réunis au Forum économique mondial de Davos du 24 au 27 janvier 2007 a révélé que 38 % d'entre eux considèrent que le climat est l'élément qui aura le plus d'impact dans le monde et que 55 % estiment que l'on n'est pas préparé à faire face aux changements climatiques. C'est précisément ce sur quoi insiste le Rapport Stern : se préparer à faire face, c'est se préparer à investir pour empêcher que ces changements se produisent.

Parmi ces mesures proposées par Nicholas Stern, il y a le renforcement du marché mondial du carbone, à travers le Système européen d'échange d'émissions – *European Union Emission Trading Scheme* (EU ETS) – et son extension souhaitée aux États-Unis, en Chine et en Inde. Il faudrait que l'EU ETS se fixe de nouveaux buts, afin de réduire les émissions de gaz à effet de serre de 30 % d'ici à 2020 et de 60 % à 2050. De quoi s'agit-il plus précisément, et comment *Jatropha curcas* pourrait-il bénéficier de transactions selon l'EU ETS ?

Le Mécanisme de développement propre et les CER

Le Rapport Stern appelle au développement du système d'échange des droits d'émission de carbone mis en place en Europe. Pour faire face aux exigences du Protocole de Kyoto, les États membre de l'UE ont fixé à quelques 12000 entreprises des quotas qui plafonnent la quantité de gaz à effet de serre qu'elles ont le droit d'émettre. Les entreprises qui ont un excédent de réduction de leurs émissions peuvent vendre leur quota aux entreprises qui n'ont pas réussi à atteindre les objectifs fixés. Cet échange a lieu dans le cadre de l'EU ETS, qui est de facto une Bourse du carbone de l'Union européenne. Ouverte le 1er janvier 2005, elle détermine la valeur sur le marché de l'unité de mesure de pollution, qui est l'équivalent d'une tonne de CO_2 (= 1 tCO_2e).

Ces échanges intra-européens peuvent également s'élargir aux pays en voie de développement via le MDP, le « Mécanisme de développement propre », communément nommé de son acronyme anglais, *CDM* pour *Clean Development Mechanism*.

Le MDP s'exerce entre deux parties : d'une part, les pays industrialisés (répertoriés dans l'annexe 1 du protocole) qui doivent réduire leurs émissions de gaz à effet de serre selon les quotas imposés à l'industrie par les autorités politiques ; d'autre part, les pays en voie de développement (annexe 2 du protocole) qui doivent être en mesure de développer leur économie sans contribuer excessivement aux rejets de gaz à effet de serre.

Le principe est simple : les projets de développement industriel ou agricole sont soumis au au CE du MDP, au Conseil exécutif du Mécanisme de développement propre (l'*EB* du *CDM – Executive Board* du *Clean Development Mechanism*), qui l'étudie selon des procédures très strictes, en ayant recours à des experts appelés « entités opérationnelles désignées » (*DOE, Designated Operational Entities*). Si le projet soumis limite réellement les émissions de gaz à effet de serre, le CE du MDP attribue des CER (*Certified Emissions Reductions*), c'est-à-dire des « réductions certifiées d'émissions ».

Un CER est donc un certificat garantissant qu'un projet donné générera l'équivalent d'une tonne de CO_2 en moins que le même projet mettant en œuvre des méthodes traditionnelles. Un projet accepté se retrouve ainsi avec un certain nombre de CER qui ont une valeur marchande, puisqu'ils peuvent être achetés par des entreprises qui ne parviennent pas à satisfaire les exigences du Protocole de Kyoto en réduisant leurs propres émissions de gaz à effet de serre.

En 2005, dans le cadre de l'EU ETS, 362 millions tonnes de CO_2 ont ainsi fait l'objet de transactions pour un montant supérieur à sept milliards d'euros. Soumis aux mécanisme de l'offre et de la demande, le prix maximal d'une tonne d'équivalent CO_2 a atteint 30 euros en avril 2006, pour redescendre à moins de 10 euros le mois suivant. Il a ensuite varié entre 3 et 7 euros. Cependant, jusqu'en 2007, nous sommes dans la phase I qui concerne seulement 12000 installations industrielles polluantes de l'Europe des vingt-sept, représentant environ 44 % des pollueurs ; la phase 2, qui s'étendra de 2008 à 2012 et à laquelle, selon toutes probabilités, la Suisse participera, sera beaucoup plus exigeante et visera à diminuer tous les gaz à effet de serre, pas seulement le CO_2, en incluant probablement la pollution causée par l'aviation. Ces conditions augmenteront la demande et, selon la majorité des experts, provoqueront la hausse du prix de la tonne d'équivalent CO_2, donc celle des montants des financements disponibles pour les projets satisfaisant aux conditions du MDP, par le biais de la vente des CER. Finalement, peu importe l'endroit où les réductions de gaz à effet de serre ont lieu, puisque le problème du changement climatique ne s'arrête pas aux frontières.

Pour obtenir des CER, l'initiateur doit faire la preuve de l'« additionnalité » (*additionality*) de son projet par rapport à la « ligne de base » (*baseline*) d'un projet traditionnel. Un projet sera considéré comme « additionnel » du point de vue environnemental s'il génère moins de gaz à effet de serre que le même projet réalisé selon la ligne de base.

Jatropha curcas, le candidat idéal aux CER

On comprend pourquoi *Jatropha curcas* occupe une place privilégiée en ce qui concerne l'additionnalité, et donc son éligibilité à obtenir des CER. En effet, contrairement aux autres plantes oléagineuses qui, du colza au palmier à huile, occupent toutes des sur-

Photo: Reinhard Henning

Région semi-aride, impropre à la culture vivrière au Mali. Même les sols accidentés permettent à peu de frais de planter *Jatropha curcas*.

faces agraires utilisables pour des cultures vivrières, *Jatropha* peut être planté dans des terres incultes, ce qui détermine clairement trois « additions », trois *plus.* D'abord, la plante fournit un carburant vert dont le bilan énergétique est neutre ; ensuite elle permet le reboisement de milliers d'hectares jusque-là laissés en friche, fournissant aux populations locales du travail et des revenus qui n'existeraient pas sans elle ; finalement, dans certaines conditions, des plantes vivrières peuvent être cultivées entre les arbres qui, par l'ombre et l'humus qu'ils auront fournis, auront fertilisé les sols.

Si, selon les vœux de Nicholas Stern, les Bourses du carbone à la manière européenne se développent, on peut imaginer que les projets de développer la culture et l'exploitation de *Jatropha* pour du biocarburant devraient trouver à se financer dans les années qui viennent.

Il est temps de faire plus ample connaissance avec les caractères botaniques de cette plante, son histoire et la manière de la cultiver.

Jatropha curcas L.

Jatropha curcas, déterminé et nommé par Linné en 1853, appartient à la grande famille des Euphorbiaceae qui compte environ 8000 espèces réparties dans plus de 300 genres. Les espèces les plus connues sont l'hévéa (*Hevea brasiliensis*), arbre de grande taille cultivé surtout en Asie du Sud-est pour son latex, dont on tire le caoutchouc ; le manioc (*Manihot esculenta*), arbrisseau très important dans les pays tropicaux pour ses tubercules que l'on consomme tels quels ou dont on extrait le tapioca ; et le ricin (*Ricinus communis*), plante herbacée de très grande taille dont on tire la célèbre huile de ricin, à usages médicinal et industriel.

Le genre *Jatropha* – du grec *iatros*, « médecin » et *trophé* « nourriture » – appartient à la tribu Joannesieae qui comprend environ 170 espèces, dont les deux tiers sont originaires d'Amérique latine. Pourtant, le nom *curcas* semble être le nom vernaculaire donné à la plante sur la côte de Malabar, dans la région sud-ouest de l'Inde.

Description botanique

Jatropha curcas est un grand arbuste aux branches plus ou moins serrées ou un arbre relativement petit pouvant atteindre une taille de six mètres. Des périodes de dormance dépendent des chutes de pluie et des variations de température et de lumière. L'arbre est productif pendant une quarantaine d'années.

Les feuilles lobées mesurent entre 6 cm et 25 cm et sont alternées. Les fleurs se développent à l'extrémité des branches, en de complexes inflorescences de type cyme.

La plante est monoïque, et les fleurs sont unisexuées. Dix étamines arrangées en deux spirales de cinq occupent l'androcée. Dans le gynécée, trois styles connexes jusqu'aux deux tiers de leur

Photo: Reinhard Henning

Branche sommitale de *Jatropha curcas.*

À gauche, fruits verts, jaunes et bruns: trois stades de maturité sur la même branche.

Ci-dessous : graines oléagineuses de *Jatropha curcas*.

Photos: J.-P. Pellet

À droite : germination typique d'une graine.

longueur supportent les pistils. La pollinisation se produit par les insectes.

Les graines sont noir marbré ou brun foncé marbré. Elles mesurent entre 1,5 cm et 2,5 cm de long, pour une épaisseur comprise entre 0,8 cm et 1,2 cm. Généralement, cinq racines se forment sur la graine.

La plante croît de manière articulée et présente une discontinuité morphologique à chaque articulation. Les branches contiennent du latex.

La croissance de *Jatropha curcas* est rapide : l'arbre atteint en moyenne une taille de 100 cm quatre mois après la plantation et de 150 cm au bout de quinze mois, avec six branches entre 30 cm et 50 cm de longueur portées par un tronc de 75 mm à 82 mm de diamètre.

Photo: jatrophaworld.org

Jatropha curcas **planté en Inde comme haie de protection contre le vent et les animaux.**

Habitats et usages

Le grand nombre de noms vernaculaires de *Jatropha curcas* attestent de la dissémination de la plante dans de nombreuses régions tropicales, colonisées alors par les Européens. La plupart des noms européens font référence aux propriétés purgatives de *Jatropha curcas* : pourghère (ou pignon d'Inde) en français, *Purgiernuss* en allemand, *purging nut* (ou *physic nut*) en anglais, *purgueira* en portugais. Des noms en chinois, tagalog, népalais, sanskrit, etc. démontrent que la plante est présente en Extrême-Orient ; de nombreux noms en différentes langues africaines et deux noms en arabe attestent que, depuis son origine sud-américaine (*piñoncillo* au Mexique, *pinón* au Guatémala, *piñol* au Pérou, *mundubiassu* au Brésil, etc.), la plante s'est répandue dans tout le monde subtropical.

Traditionnellement, *Jatropha curcas* a deux fonctions :

1. *Jatropha curcas* est fréquemment planté comme haie de protection autour des propriétés et des surfaces cultivées. On tire ainsi parti du développement touffu de l'arbuste planté serré et de la toxicité des graines de ses fruits – la curcine des graines est en effet extrêmement dangereuse, autant que la ricine des graines de *Ricinus communis* – qui maintient les animaux à distance ;

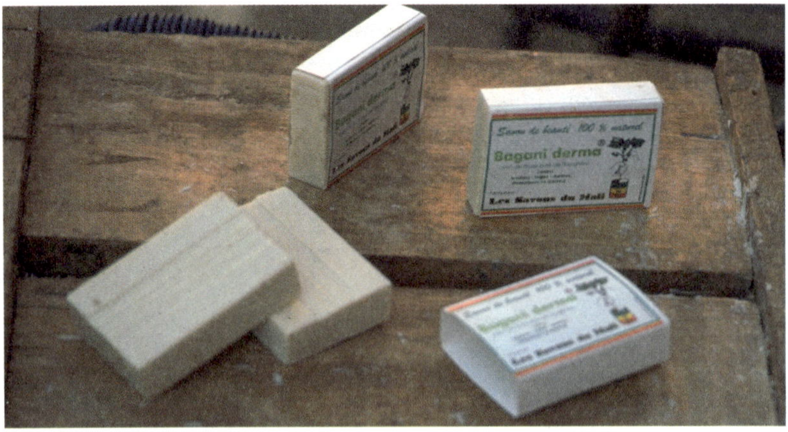

Photos: Reinhard Henning

Savon artisanal à base d'huile de *Jatropha curcas* fabriqué au Mali.

2. Dans certaines régions d'Afrique, on fabrique du savon à partir de l'huile des graines. Cette production semble avoir été relativement importante pour les îles du Cap-Vert, qui ont exporté jusqu'au milieu du XXe siècle à Lisbonne et à Marseille des graines qui étaient utilisées pour la fabrication du savon. Les résidus de pressage peuvent servir d'engrais naturel.

Jatropha curcas est une plante extrêmement frugale, capable de croître dans des régions semi-arides et des terres pauvres – pour autant qu'elle ne soit pas exposée au gel –, même là où aucune culture vivrière ne prospère. Elle peut donc jouer un rôle important contre l'érosion: plantée en haies, elle protège des vents et, en vergers, elle fournit de l'humus et retient l'humidité. Sa durée de vie en pleine production est d'une quarantaine d'années. Cela signifie que, contrairement aux plantes oléagineuses européennes, il n'y a pas de frais annuels de semailles et d'engrais.

Toxicité de Jatropha curcas

Une communication de 1975 de la Faculté des sciences vétérinaires de l'Université de Khartoum, au Soudan, fait état de la mort de onze chèvres intoxiquées par *Jatropha curcas*: les autopsies ont entre autres révélé des hémorragies dans la panse, le foie, la rate et le cœur, ainsi qu'un œdème pulmonaire.

Les propriétés insecticides et fongicides de l'huile de *Jatropha curcas* en font un produit de traitement naturel.

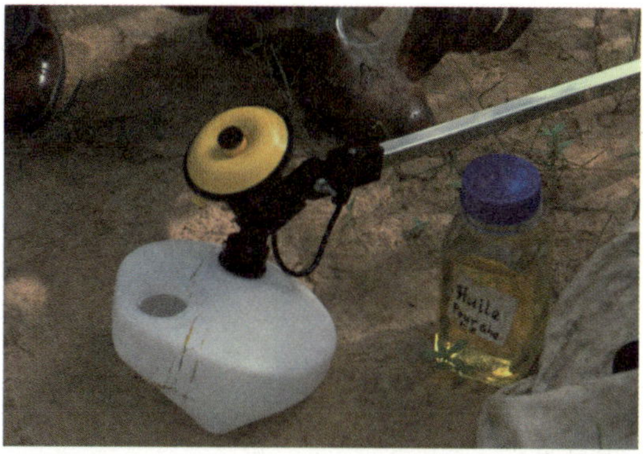

Ci-dessous, traitement d'une culture de millet au Mali (1994).

Photos: Reinhard Henning

D'autres organismes, dont l'Institut de recherche pour le développement, à Nouméa, en Nouvelle-Calédonie, a également rapporté des cas d'intoxication aux graines de *Jatropha curcas*. Les principaux risques, qui sont aggravés chez les enfants, sont la déshydratation, le collapsus cardiovasculaire et une dépression du système nerveux central, mais aucun cas mortel chez l'homme ne semble avoir été formellement publié.

Les substances toxiques de la plante sont des esters du phorbol, dont les propriétés insecticides et fongicides, ainsi que des effets contre certaines éruptions cutanées, ont été confirmées récemment en laboratoire par des chercheurs de l'Université de Graz, Autriche, en 1999.

Plantation de *Jatropha curcas* dans un sol semi-aride au Nicaragua.

Dans le cadre d'une aide au développement fournie par l'Autriche à un projet de culture de *Jatropha curcas* au Nicaragua, le professeur Martin Mittelbach, de l'Institut de chimie de l'Université Karl-Franzen, à Graz, a isolé dans l'huile des graines de la plante six esters diterpéniques qui sont hautement instables.

Usage médicinal de *Jatropha curcas*

Partout où *Jatropha curcas* fait partie de la tradition agricole, notamment en Amérique centrale et en Afrique, différentes parties de la plante ont été exploitées à des fins médicinales.

Des décoctions de feuilles sont utilisées comme remède contre la toux; le latex est utilisé pour ses propriétés désinfectantes, et la recherche scientifique a démontré qu'il était efficace contre des microbes comme *Staphylococcus aureus, Escherichia coli, Klebsiella pneumoniae, Streptococcus pyogenes* et *Candida albicans*. On a même démontré une puissante action cardiovasculaire dans des expériences sur des cochons d'Inde...

Jatropha curcas L., la graine miracle pour le biodiesel

L'emploi de l'huile de *Jatropha curcas* comme biocarburant dans certaines régions est un développement récent et localisé. Tant en Afrique qu'au Nicaragua et en Inde, les expériences de biodiesel se sont faites avec la collaboration des Européens, principalement des organismes allemands et autrichiens.

Par rapport aux cultures de l'hémisphère Nord, *Jatropha curcas* est très prometteur : alors que le soja a un rendement moyen de 450 litres d'huile par hectare, le tournesol de 950 l/ha et le colza de 1190 l/ha, les graines de *Jatropha curcas* produisent entre 1500 et 1900 l/ha à partir de terres impropres à la culture vivrière...

Photo : Mercedes-Benz

Fruits mûrs de *Jatropha curcas*. L'huile se trouve dans les graines.

L'exploitation *de Jatropha curcas*

JUSQU'À CE DÉBUT D'ANNÉE 2007, malgré l'intérêt que *Jatropha curcas* suscite pour ses propriétés oléagineuses et sa sobriété, la plante n'a pas été exploitée de manière industrielle. Des recherches sont en cours dans le cadre de plantations de quelques centaines d'hectares en Afrique et en Inde : ce sont des entreprises occidentales, le plus souvent en collaboration avec des universités et les gouvernements locaux, qui ont lancé ces projets et qui suscitent petit à petit des vocations indigènes. Il reste qu'il est difficile de changer des mentalités et des habitudes séculaires, et que seule la garantie d'une amélioration significative des conditions de vie peut convaincre les autochtones d'aborder *Jatropha curcas* sous un autre angle.

En effet, la plante a été essentiellement utilisée pendant des siècles comme haie de protection en Afrique. La récolte des fruits était une activité accessoire, notamment pour en faire du savon. Dans certains pays, en Australie et dans les îles du Pacifique, *Jatropha curcas* est même considéré comme une plante invasive nuisible[1]. Depuis une dizaine d'années, les Occidentaux expliquent que l'on pourrait exploiter de vastes plantations, mais pas toujours avec le succès escompté. Par exemple, un projet très sérieux poursuivi

1. Curieusement, l'Institut américain des forêts des îles du Pacifique a classé cette plante comme une menace pour l'écosystème local. http://www.hear.org

Photo : Reinhard Henning

Préparation d'un sol aride au Mali : labours à 25 cm de profondeur peu avant la saison des pluies.

au Nicaragua avec un soutien autrichien au développement dans les années 1990 a capoté : il semblerait que des lourdeurs administratives ajoutées à la difficulté de motiver les autochtones en soient la cause. Il est aussi probable que le prix du pétrole ait été trop bas pour donner une motivation financière suffisante : entre 1991 et 2000, le prix moyen était inférieur à 20 dollars le baril. La situation a bien changé aujourd'hui. Comme on l'a vu, depuis l'entrée en vigueur du Protocole de Kyoto, à la motivation économique du prix du pétrole et politique de l'indépendance énergétique s'ajoute l'argument juridique des quotas d'émissions de CO_2 à respecter. Ces deux dernières années, tant l'Inde que l'Afrique, entre autres, ont pris conscience des potentialités de *Jatropha curcas*, et se sont lancées dans des projets d'envergure, en comptant sur le possible apport en capitaux des CER (v. pp. 59-62).

Jatropha curcas pousse facilement sous un climat tropical et subtropical, dans des régions arides, à partir d'une pluviométrie de 300 mm. La plante se contente de presque tous les types de terres, particulièrement les sols peu fertiles des terrains marginaux. Les terrains argileux sont cependant à éviter. La plante atteint sa production maximale après quatre ou cinq ans, et permet une récolte dès la première année suivant le mode de plantation.

Plantation

Pour une germination optimale, il faut préparer le terrain un mois avant la saison des pluies. Si le sol est trop dur, il faut le labourer à 20 cm-30 cm de profondeur. On peut alors constituer une plantation selon trois modes :

Photo : Mercedes-Benz

Test de plantation industrielle en Inde. Les plants sont très rapprochés et alimentés par un système d'irrigation automatique.

1. Semis. après avoir plongé les graines une douzaine d'heures dans l'eau froide, on sème deux ou trois graines à la distance désirée (entre un et trois mètres). La densité de la plantation influencera la grandeur des arbres. Généralement, on préfère des arbres plus nombreux et plus petits, ce qui facilite la récolte. Cette méthode est la plus avantageuse, mais elle requiert plus de soins que les deux autres méthodes. La première récolte s'effectuera dès la deuxième année.

2. Repiquage de plants. De jeunes plants en pots sont mis en terre à la distance voulue. Le pourcentage de réussite est plus élevé que celle des semis directs, et la plante entre en production dès la première année, mais cette méthode est la plus onéreuse.

3. Plantation des boutures. Il faut choisir des branches saines moyennement lignifiées, et les couper en tronçons de 30 cm comportant au moins quatre nœuds. On les plante ensuite comme on le fait pour les plants. La réussite dépend de la vigueur des boutures et il faudra attendre la deuxième année pour récolter quelques fruits.

Entretien

Quel que soit le type de plantation, il faut surveiller le développement de la plante et procéder à un sarclage environ un mois après la mise en terre. On peut activer la croissance avec un peu d'engrais, mais ce n'est pas indispensable. On peut également pailler pour réduire l'évaporation. Il n'y a pas besoin d'irriguer si la pluie est régulière. Pourtant, lors de ce stade initial du développement, la plante est plus sensible à la sécheresse et, si la pluie est insuffisante, il est préférable d'envisager une irrigation tous les dix jours.

Branches à partir desquelles on peut faire des boutures.

Récolte

Les graines parviennent à maturité entre janvier et juillet suivant la région. Comme les fruits ne mûrissent pas en même temps, la récolte s'étale sur plusieurs semaines, et il faut choisir les fruits de couleur brune. Chacun contient trois graines. Leur teneur en eau est encore élevée et il faut passer directement à leur préparation.

Préparation des graines

Traditionnellement, on sèche les graines en les exposant pendant quelques jours au soleil sur une surface propre (bâche, par exemple), jusqu'à ce que le taux d'humidité atteigne 12 % au plus. On procède ensuite au tri des graines en fonction de ce à quoi elles sont destinées. Si elles doivent servir à être semées, il faut enlever celles qui sont écrasées ou pourries et celles dont les téguments sont cassés car elles ne peuvent plus germer. Si elles doivent être pressées, il suffit d'enlever la matière étrangère, telle que feuilles ou terre.

Conservation des graines

On met les graines séchées et triées dans des sacs propres et secs (en jute ou tout autre emballage poreux). On les entrepose dans un endroit sec en évitant le contact direct avec le sol et tout risque d'humidification pendant le stockage.

Récolte des fruits mûrs dans une haie de *Jatropha curcas* au Mali.

La transformation en huile par pressage traditionnel

Les petites communautés rurales africaines utilisent ensuite de petites presses manuelles, ou actionnées par un moteur électrique ou diesel qui peut être directement alimenté par l'huile brute de *Jatropha curcas.* Cette production locale est principalement utilisée par la fabrication du savon ou de l'huile d'éclairage.

Industrialisation et transestérification

C'est à partir de ces conditions qu'il faut développer une exploitation industrielle de la plante. Il s'agit de créer des plantations à grande échelle, d'installer des usines de pressage et de transestérification de l'huile brute en biodiesel utilisable dans tout moteur diesel moderne avec un minimum de modifications.

L'huile extraite de plantes oléagineuses, comme *Jatropha curcas,* peut être utilisée presque sans modification comme carburant dans un moteur diesel si elle est pressée à froid: c'est l'«huile végétale carburant». Cette huile brute présente de nombreux désavantages. Elle s'oxyde facilement; sa température d'inflammation est plus élevée que celle du carburant classique, ce qui peut créer des difficultés au démarrage; sa température de solidification est également plus élevée, il y a donc des risques qu'elle fige en hiver; les résidus de combustion sont susceptibles d'endommager le système

Photo : Reinhard Henning

Décorticage des graines avant le pressage.
L'épluchage pratiqué ici (Mali) n'est pas nécessaire avant le pressage.

d'injection et de colmater les filtres. D'autre part, il se pourrait les gaz de combustion de l'huile brute soient hautement cancérigènes. Le 18 décembre 2006, des chercheurs de l'Institut de médecine du travail de l'Université de la Ruhr, à Bochum, publiaient un rapport selon lequel les gaz de l'huile de colza brute seraient dix fois plus cancérigènes que ceux rejetés par le gazole fossile.[1]

La solution est de transformer l'huile végétale brute en biodiesel par *transestérification*, procédé chimique assez simple exécutable sans grande infrastructure. Le coût économique et énergétique du biodiesel est naturellement supérieur à celui de l'huile brute, mais n'est pas supérieur à celui du raffinage du pétrole.

L'huile végétale brute est principalement constituées de triglycérides, eux-mêmes constitués d'acides gras (grandes chaînes carbonées terminées par un groupe carboxyle – COOH), liés à une molécule de glycérol (CH_2OH-$CHOH$-CH_2OH).

1. « Extrem erhöhtes Krebspotenzial von Rapsöl als Kraftstoff » – www.bgfa.ruhr-uni-bochum.de/specials/presse0603.php.

Les liaisons se trouvent au niveau des groupes alcools (OH), un glycérol se liant à trois acides gras. Appelons R^1, R^2 et R^3 les chaînes carbonées des acides gras: la molécule sera alors CH_2COOR^1-$CHCOOR^2$-$CHCOOR^3$, les trois chaînes se retrouvant «empilées» les unes sur les autres. La partie COO s'appelle liaison ester. Lors d'une transestérification, sous l'action d'un catalyseur acide ou basique la partie alcool se trouvant à côté de la liaison va être remplacée par une autre molécule comportant un groupe alcool. Le catalyseur va déstabiliser la molécule de départ, permettant à l'alcool libre de s'y lier, et à l'inversion de se faire.

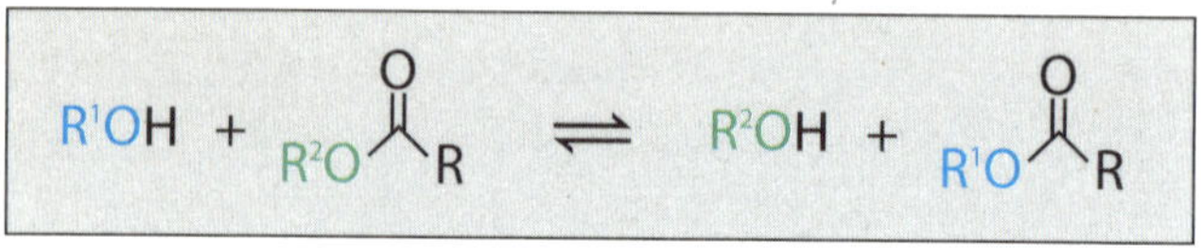

Principe général de la transestérification, où R, R^1 et R^2 représentent des chaînes carbonées quelconques.

Dans le cas du biodiesel, l'alcool de départ est le glycérol, un triol. On va ajouter à l'huile brute du méthanol (CH_2OH) ou éventuellement de l'éthanol, ainsi qu'un catalyseur acide ou basique. La réaction chimique sera alors:

$$CH_2OOCR^1\text{-}CHOOCR^2\text{-}CH_2OOCR^3 + 3CH_2OH \rightleftharpoons$$
$$R^1COOCH_2 + R^2COOCH_2 + R^3COOCH_2 + CH_2OH - CHOH - CH_2OH$$

On constate que plusieurs produits apparaissent: le glycérol (ou la glycérine), très employée dans l'industrie chimique, pharmaceutique et cosmétique, ainsi que différentes chaînes carbonées munies d'une liaison ester (différentes sortes de méthylesters). Le glycérol est séparé du reste par centrifugation. Les chaînes carbonées forment le biodiesel: les molécules sont plus petites que dans le cas de l'huile brute, formant ainsi une substance moins visqueuse et possédant une température de solidification plus basse, qui ne présente plus les désavantages de l'huile végétale carburant.

Les promesses du biodiesel et l'essor de *Jatropha curcas*

Il n'y a pas que *Jatropha curcas* pour fabriquer du biodiesel, mais quelque 2000 espèces de plantes. Les rendements sont très variables : la plante la plus employée aux États-Unis est le soja, avec un rendement moyen de 450 litres par hectare par an (l/ha/an) ; la plante qui bat tous les records est *Elaeis guineensis* Jacq., le palmier à huile d'Afrique, qui peut atteindre 7000 l/ha/an. Par rapport aux cultures de l'hémisphère Nord – le tournesol avec un rendement moyen de 950 l/ha/an et le colza avec 1200 l/ha/an – *Jatropha curcas* est très performant, avec ses 1500 à 1900 l/ha/an.

L'huile de palme et la Malaisie

Cent kilos de pulpe du fruit pressée à chaud donne 22 litres d'huile d'excellente qualité, très largement utilisée dans l'industrie alimentaire, notamment pour les margarines. Depuis quelques années, l'huile de palme a donné naissance à une véritable industrie du biodiesel. Sont particulièrement courtisées la Malaisie et l'Indonésie qui à elles seules détiennent plus de 80 % du marché mondial. Dès 2007, la Malaisie va produire 100 000 tonnes de biodiesel par année, notamment en réponse à une forte demande des Européens, et imposera le biodiesel de palme à tous les véhicule du pays dès 2008 ; les Australiens comptent sur l'huile brute malaisienne pour alimenter une grande raffinerie actuellement en construction à Darwin.

Photo : wikipedia

Fruit d'*Elaeis guineensis*, le palmier à huile d'Afrique. Le fruit contient un seul noyau, dont l'huile dite « de palmiste » est surtout utilisée en cosmétique ; l'huile de palme pour le carburant est tirée de la pulpe (env. 22 % du fruit).

Les promesses de rendement élevé de l'huile de palme ont eu pour effet d'attiser des convoitises qui se soucient fort peu d'écologie, de biodiversité et de gaz à effet de serre : comme cela se passe au Brésil avec le soja, des millions d'hectares sont sauvagement déboisés pour être exploités dans des monocultures intensives. Des investissements sur *Jatropha curcas*, en plus de produire un carburant moins polluant que les carburants fossiles, auraient l'avantage d'exploiter des terres incultes sans concurrencer les cultures vivrières.

L'huile végétale, apport marginal ou significatif ?

En 1912, Rudolf Diesel, l'inventeur allemand du moteur qui porte son nom, déclarait dans la documentation d'un brevet : « *L'utilisation de l'huile végétale comme carburant est peut-être insignifiante aujourd'hui. Mais avec le temps, de tels produits peuvent devenir aussi importants que le sont actuellement le pétrole, le charbon et le goudron.* » Si cela était vrai dans le cadre de la faible consommation de carburant au début du XXe siècle, qu'en est-il aujourd'hui ?

Selon les avis les plus pessimistes, le biocarburant ne peut constituer qu'une énergie d'appoint aux carburants d'origine fossile. Si l'on consacrait toutes les terres qui se prêtent à la culture de plantes oléagineuses pour fabriquer du biodiesel, on obtiendrait quelque six milliards de barils alors que la consommation mondiale en 2005 est d'environ trente et un milliards de barils.

Face à ces chiffres, le professeur E. Schrimpff démontre que, en utilisant rationnellement trois de ses quelque douze millions d'hectares de surface cultivable, l'Allemagne pourrait subvenir à plus de

Photo : Mercedes-Benz

Après transestérification, l'huile végétale carburant peut alimenter tous les moteurs diesel.

40 % de ses besoins en carburant, compte tenu que la consommation des moteurs pourrait largement diminuer (certains véhicules, comme la VW Lupo ne consommant d'ores et déjà que 3 l/100 km). Il ajoute : « *Le potentiel des plantes oléagineuses au niveau mondial, est suffisant pour la consommation actuelle.* »[1] En imaginant que le palmier d'Afrique soit exploité de manière optimale, il prétend que l'équivalent de 15 % de la superficie exploitable de l'Afrique serait suffisant pour répondre à la demande mondiale en carburant. On le voit, les querelles d'experts ne manquent pas.

Le décollage de *Jatropha curcas*

On peut avancer sans grands risques de se tromper que 2006 est l'année qui aura préparé le décollage de *Jatropha curcas* dans les pays se prêtant le mieux à sa culture : ceux du Continent africain et du sous-continent Indien.

En Inde : des millions d'hectares en projet

En cautionnant largement la *Biodiesel Conference Towards Energy Independence – Focus on Jatropha* (Conférence sur le biodiesel en vue de l'indépendance énergétique centrée sur *Jatropha*)

1. *Treibstoff der Zukunft: Wasserstoff oder Pflanzenöl? Potenziale und Perspektiven von Pflanzenölen als Energieträger*, Haute École technique de Weihenstephan, Freising, 2000.

les 9 et 10 juin 2006, le gouvernement indien s'est clairement positionné en faveur d'un développement de la culture de *Jatropha curcas*, ainsi qu'en témoignent les 380 pages des contributions à cette conférence. Les participants ont analysé la situation et préconisé des mesures pour atteindre un niveau élevé d'indépendance énergétique : actuellement, l'Inde doit importer les 73 % des 125 millions de tonnes de pétrole brut qu'elle consomme annuellement, et ses propres réserves lui suffiraient pour une vingtaine d'années.

Photo : A. K. Lohia

Repérage dans l'État d'Uttaranchal, au nord de l'Inde, qui a planifié la plantation de 2,3 millions d'hectares de *Jatropha curcas* d'ici à 2012.

Dans un premier temps, sur les 296 millions d'hectares de terres non exploitées qu'elle compte, l'Inde prévoit d'en consacrer une quarantaine à la culture de *Jatropha*. « *La culture de* Jatropha *peut constituer une contribution significative à la production de biocarburant et au développement durable du pays [...], profitable tant aux cultivateurs qu'aux industriels. [...]* Jatropha *est ainsi unique parmi les sources d'énergie renouvelable [...], simple à cultiver et nécessitant des investissements relativement faibles.* »[1] Dans leur planification, les ingénieurs indiens comptent aussi sur le MDP : un hectare de *Jatropha curcas* pourrait valoir jusqu'à 20 CER annuellement...

En Afrique : le Sénégal et l'organisation des PANPP

Depuis des décennies, le Mali fabrique du savon à partir de l'huile de *Jatropha curcas*, et des expériences a été conduites ces dernières années pour développer les cultures afin de produire du biodiesel. Son voisin, le Sénégal, s'en est récemment inspiré :

1. "Production Practices and Post – Harvest Management in Jatropha", contribution de Lalji Singh, S.S. Bargali et S.L.Swamy, de l'Indira Gandhi Agricultural University, Raipur, in *Biodiesel Conference Towards Energy Independence – Focus on Jatropha*, p. 266.

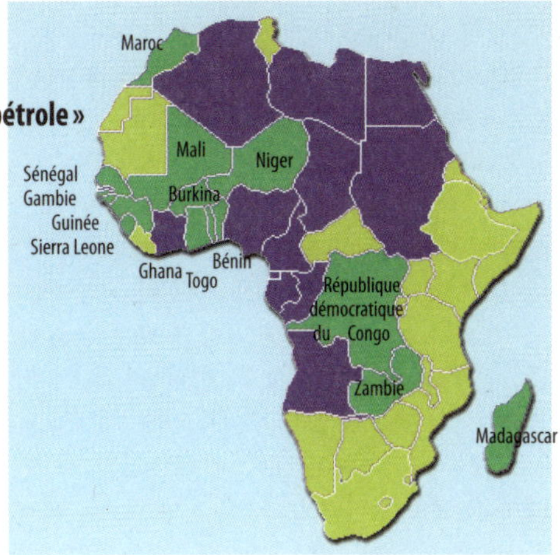

« Pays africains non-producteurs de pétrole »

En violet, les pays producteurs de pétrole, et en vert, les PANPP, Pays africains non-producteurs de pétrole, organisation fondée à l'initiative du président sénégalais Abdoulaye Wade. Les PANPP misent à terme sur les biocarburants et *Jatropha curcas*, mais on n'en sait pas davantage – en janvier 2007, le site Internet de l'organisation est vide, seul son nom est réservé.

le 7 décembre 2006, Farba Senghor, ministre de l'Agriculture, des Biocarburants et de la Solidarité nationale, a annoncé que 250 millions de plants de *Jatropha* vont être distribués par l'État aux producteurs. En théorie, si tout est planté de sorte à produire une moyenne de 1500 litres d'huile par hectare, le Sénégal suffirait à sa consommation domestique actuelle qui est 375 milliards de litres par an. En juillet 2006, le président Abdoulaye Wade avait réuni 25 pays africains, dont treize ont fondé l'organisation des PANPP, « Pays africains non-producteurs de pétrole » (*Pan-African Non-Petroleum Producers Association*, en anglais) : le Bénin, le Burkina Faso, la République démocratique du Congo, la Gambie, le Ghana, la Guinée, Madagascar, le Mali, le Maroc, le Niger, le Sénégal, la Sierra Leone et la Zambie. Le 28 octobre 2006, le *Washington Post* publiait un article signé du président sénégalais, dans lequel celui-ci expliquait que l'augmentation du prix du pétrole constituait une « *catastrophe qui pourrait annihiler pour des années les efforts de développement économique des pays africains* », d'où son initiative de créer le PANPP et de promouvoir les biocarburants.

Dans la foulée, les 30 novembre et 1er décembre 2006 s'est tenue au Cap, en Afrique du Sud, la première conférence africaine sur les marchés des biocarburants : *Biofuels Markets Africa*. Il en ressort que, très optimistes, plusieurs pays aspirent à devenir « le Moyen-Orient des biocarburants ».

Ailleurs dans le sud: Chine, Thaïlande, Vietnam, Suriname

Les Africains et les Indiens ne sont pas les seuls à se tourner vers *Jatropha curcas*. Des projets semblables ont vu le jour dans le Sud-Est asiatique, notamment au Vietnam et en Chine. En Thaïlande, des dizaines de milliers de plants de *Jatropha* ont été confiés à des agriculteurs en 2005. Au Surinam, la société américaine Tropilab a annoncé son intention de planter 50 000 hectares de *Jatropha*, puis de construire une raffinerie pour transformer sur place l'huile brute en biodiesel.

On ne peut citer ici toutes les initiatives en cours, mais il semble fort probable que, suivant l'explosion des prix du pétrole et l'entrée en vigueur du Protocole de Kyoto, 2005 et 2006 sont les années où le biodiesel issu de *Jatropha curcas* aura pris son essor.

Enjeu crucial: diminuer la consommation

Tous les experts s'accordent à rappeler que lutter contre le gaspillage des ressources énergétiques est une démarche aussi nécessaire que développer des sources d'énergie verte. Le quotidien britannique *Guardian* a par exemple calculé que vingt aliments (tomates, salade, haricots, asperges, raisin, etc.) achetés à Londres en avril 2003 avaient parcouru 162 452 kilomètres!...[1]

Une enquête semblable conduite en Suisse par le magazine *Bon à savoir* et la Radio suisse romande fait état de distances moins impressionnantes, mais tout aussi déraisonnables: les produits du panier acheté le 14 décembre 2006 chez Coop ou Migros ont parcouru plus de 48 000 kilomètres, alors que ceux vendus par l'Hyper-Casino français se «contentaient» de 22 300 kilomètres.[2]

Au bout du compte, qu'elle soit fossile ou qu'elle provienne de la biomasse, l'énergie doit être économisée, si l'on veut laisser à nos descendants une planète saine. Il appartient à chacun d'entre nous d'agir en faisant les bons choix...

1. "Miles and miles and miles: How far has your basket of food travelled?" *Guardian UK*, Special reports, 10 mai 2003. http://www.guardian.co.uk/food/focus/story/0,13296,951962,00.html.

2. «Nos fruits et légumes font le tour du monde», *Bon à savoir*, janvier 2007.

Indications bibliographiques

Nicholas Stern: *The Economics of Climate Change*, 47th Report by the European Union Committee, octobre 2006; http://www.parliament.uk/parliamentary_committees/lords_eu_select_committee.cfm.

Co-utilisation of Biomass with Fossil Fuels – Summary and Conclusions from the IEA Bioenergy ExCo55 Workshop, *IEA Bioenergy News*, 18: 1, juillet 2006. http://www.ieabioenergy.com/DocSet.aspx?id=101.

« Biodiesel Conference Towards Energy Independence – Focus on *Jatropha* », contributions à la conférence, Rashtrapati Nilayam, Bolaram, Hyderabad du 9 au 10 juin 2006.

Humphrey Nkonde: Biodiesel: The Fuel of the Future. The oilseed crop *Jatropha* offers great potential as an industrial raw material in Southern Africa. *African Review of Business and Technology*, May 1, 2006.

Louis Strydom: *Biodiesel vs. Bioethanol: With Proper Conditions Both Are Viable Today And There Could Be Great Future Potential.* 2006. http://www.ecoworld.com/home/articles2.cfm?tid=398

J. Martínez-Herrera, P. Siddhuraju, G. Francis, G. Dávila-Ortíz et K. Becker: Chemical composition, toxic/antimetabolic constituents, and effects of different treatments on their levels, in four provenances of *Jatropha curcas* L. from Mexico. *Food Chemistry*, 96: 1, mai 2006, pp. 80-89.

Reinhard K. Henning et Tianasoa Ramorafeno: *Le Manuel* Jatropha*: un guide pour l'exploitation intégrée de la plante* Jatropha *à Madagascar*, 2005.

India: Joint venture construction plans for proposed $23,000,000 Jatropha processing plant, Mohan Breweries [India] & D1 OILS [UK]. *WWP-Report on Oil Gas & Petrochemicals in the Developing World*, 1er mai, 2005.

Scénario négaWatt 2006 pour un avenir énergétique sobre, efficace et renouvelable, Paris, 16 décembre 2005.

Jean-Luc Wingert: *La vie après le pétrole: de la pénurie aux énergies nouvelles*, Éditions Autrement, 2005.

M. Mohibbe Azam, Amtul Waris et N. M. Nahar: Prospects and potential of fatty acid methyl esters of some non-traditional seed oils for use as biodiesel in India. *Biomass and Bioenergy*, 29: 4, octobre 2005, pp. 293-302.

Martin Mittelbach, Claudia Remschmidt: *Biodiesel: The Comprehensive Handbook*. Martin Mittelbach 2004. mittelbach_biodiesel@gmx.at

F. K. Forson, E. K. Oduro et E. Hammond-Donkoh: Performance of *Jatropha* oil blends in a diesel engine. *Renewable Energy*, 29: 7, juin 2004, pp. 1135-1145.

K. Pramanik: Properties and use of *Jatropha curcas* oil and diesel fuel blends in compression ignition engine, *Renewable Energy* 28: 2 , février 2003, pp. 239-248.

G. D. P. S. Augustus, M. Jayabalan et G. J. Seiler: Evaluation and bioinduction of energy components of *Jatropha curcas*. *Biomass and Bioenergy*, 23: 3, septembre 2002, pp. 161-164.

A Comprehensive Analysis of Biodiesel Impacts on Exhaust Emissions, United States Environmental Protection Agency, octobre 2002.

Incentive Measures for Sustainable Use and Conservation of Agrobiodiversity, Proceedings of a Workshop, Lusaka, Zambie 2001.

G. M. Gübitz, M. Mittelbach et M. Trabi: Exploitation of the tropical oil seed plant *Jatropha curcas* L., *Bioresource Technology*, 67: 1, janvier 1999, pp. 73-82.

N. Foidl, G. Foidl, M. Sanchez, M. Mittelbach et S. Hackel: *Jatropha curcas* L. as a source for the production of biofuel in Nicaragua. *Bioresource Technology*, 58: 1, octobre 1996, pp. 77-82.

J. B. Kandpal et Mira Madan: *Jatropha curcas*: a renewable source of energy for meeting future energy needs. *Renewable Energy*, 6: 2, mars 1995, pp. 159-160.

Reinhard Henning: *Production and use of Jatropha Oil as Fuel*, 1994.

Joachim Heller: *Physic nut.* Jatropha curcas *L.*, IPGRI 1994.

Quelques sites et documents Internet

Site de Reinhard Henning – http://www.jatropha.de/
Site indien pour la promotion de *Jatropha curcas* – http://www.jatrophaworld.org/
Centre Pew sur le changement climatique global (Pew Center on Global Climate Change) – http://www.pewclimate.org/global-warming-in-depth/all_reports/ag_forestlands/index.cfm
Ecoworld: Nature et technologie en harmonie (Nature and Technology in Harmony) – http://www.ecoworld.com/home/articles2.cfm?tid=398
IEA Bioenergy, organisation de l'Agence internationale pour l'énergie (International Energy Agency, IEA – http://www.ieabioenergy.com/DocSet.aspx?id=101
National Oceanic and Atmospheric Administration: Greenhouse Gases – http://www.ncdc.noaa.gov/oa/climate/gases.html#INTRO
Groupe de réflexion associant des membres du Conseil économique et social, de l'Académie des sciences, l'Académie des technologies, l'Académie des sciences morales et politiques – http://www.changement-climatique.fr/
Association négaWatt, donne la priorité à la réduction à la source de nos besoins en énergie tout en conservant notre qualité de vie – http://www.negawatt.org/

Achevé d'imprimer en Avril 2008 sur les presses de l'imprimerie du Lion
90700 Châtenois-les-Forges
Dépôt légal : 1er trimestre 2007 - N° d'imprimeur 0794533

Imprimé en France